KB138958

미래를 읽다 과학이슈 11

Season 14

미래를 읽다 과학이슈 11 *Season 14*

초판 2쇄 발행 2024년 4월 15일

글쓴이 한상기 외 10명
편집 이충환 이용혁
디자인 이재호

펴낸이 이경민
펴낸곳 ㈜동아엠앤비
출판등록 2014년 3월 28일(제25100-2014-000025호)
주소 (03972) 서울특별시 마포구 월드컵북로22길 21 2층
홈페이지 www.dongamnb.com
전화 (편집) 02-392-6901 (마케팅) 02-392-6900
팩스 02-392-6902
이메일 damnb0401@naver.com
SNS

ISBN 979-11-6363-702-8 (04400)

※ 본문에서 책 제목은『 』, 논문, 보고서는「 」, 잡지나 일간지 등은《 》로 구분하였습니다.

미래를 읽다 과학이슈 11 Season 14

한상기 외 10명 지음

동아엠앤비

생성형 인공지능에서 원전 오염수까지 최신 과학이슈를 말하다!

들어가며

챗GPT 열풍에서 방사능 오염수 방류, 마약이나 도청 같은 흉흉한 뉴스에 누리호 발사 성공을 비롯한 뿌듯한 소식 등 수많은 이슈들이 2023년 상반기에도 전 세계를 뒤흔들었다. 이번 『과학이슈 11 시즌 14』에서는 이러한 이슈들을 다양한 각도에서 바라보는 과학적 견해와 해결 방안에 대해 심층적으로 다루었다.

2011년에 발생한 동일본 대지진으로 인해 후쿠시마 원자력 발전소 노심 냉각 장치가 폭발했고 이를 식히기 위해 뿌린 바닷물은 방사능 물질로 오염되었다. 10년이 넘는 지금까지도 하루 140톤에 달하는 오염수가 나오고 있으며 137만 톤을 저장할 수 있는 탱크의 용량이 한계에 가까워지자 일본 정부는 오염수를 바다에 방류하기로 결정했다. 과연 일본 정부의 발표대로 처리된 오염수는 안전한 것인지, 해산물에 영향은 없을 것인지 자세히 알아보자.

챗GPT로 촉발된 생성형 인공지능(AI) 열풍이 전 세계를 뒤흔들었다. 인류 최강 바둑 기사 이세돌에게 알파고가 승리를 거뒀을 때 AI가 인간에게 위협이 되지는 않을까 전전긍긍했던 알파고 쇼크 이상으로 사람들은 상상을 초월하는 AI의 성능에 전율하며 열광하였다. 생성형 AI가 만들어 내는 결과물들이 인간의 역할을 대신할 수 있을 정도로 높은 퀄리티를 보여주고 있는 만큼 이제 인류와 AI의 공존 그리고 경쟁은 피할 수 없는 미래가 되었다. 우리의 동료이자 라이벌이 될 생성형 AI의 구조와 원리, 한계와 문제점을 파악해보자.

생성형 AI의 발전으로 인해 또 다른 의문이 생겨났다. 인간 수준의 인공지능인 범용 인공지능(AGI)이 과연 탄생할 수 있을까라는 것이다. 구글, 오픈AI, 알렌 인공지능 연구소 등은 AGI를 개발하겠다고 공개적으로 선언한 바 있다. 전문가들은 2059년이면 AGI가 등장하리라 예상하고 있으며 이는 지난 조사 예측보다 8년이 줄어든 숫자이다. AGI는 과연 인류에게 위협적인 존재가 될 것인가? 그렇다면 우리는 AGI에 어떻게 대응해야 할 것인지 논의하자.

누리호 3차 발사 성공도 큰 관심을 모았다. 지금까지 우리나라가 시도한 우주 발사는 여섯 번이 있었는데 그중 가장 큰 의의를 지닌 이번 발사 성공의 전모를 훑어보고 발사체 기술 시장의 중요성과 한국의 스페이스X를 찾기 위한 우리의 역할에 대해 곱씹어 보자.

최근 마약 관련 뉴스가 끊이질 않고 있다. 심지어 그동안 연예인, 재벌가 자제, 유흥 업계 종사자 등에 한정된 것처럼 보였던 마약 범죄가 평범한 사람들의 주변까지 마수를 뻗치고 있는 상황이다. 마약 중독이 남의 이야기가 아니게 된 것이다. 마약의 작용 원리와 인체에 어떤

악영향을 끼치는지 과학적으로 파악하고 분석해 경각심을 가지기 위한 자리를 마련했다.
몰카나 불법 도청에 관한 뉴스도 우리를 불안하게 한다. 공포를 극복하는 방법은 미지의 정체를 파악하고 대처하는 것이다. 도청 기술의 종류와 발달 과정을 알아보고 우리 주변에 있을지 모르는 취약점을 보완하는 자세를 가져보자. 명심할 것은 국가기관의 도청이 아니면 모두 불법이라는 사실이다.
인간에게 있어 '늙어 죽는다'는 사실은 피할 수 없는 운명이다. 예로부터 권력자들은 이 숙명을 피하고자 불로장생에 매달렸고 젊음을 유지하기 위해 노력을 아끼지 않았다. 얼핏 보면 허망한 행위라 하겠지만 과학기술의 발전과 함께 노화의 비밀이 밝혀지고 이를 되돌리는 역노화 기술이 등장하면서 회춘은 이제 마냥 헛된 꿈 얘기가 아니게 되었다. 노화를 방지하기 위한 연구들에 대해 알아보고 영생의 가능성을 꿈꿔보자.
이 외에도 2025년 상용화를 목표로 잰걸음하고 있는 도심항공교통(UAM), 인구 80억 명 시대를 맞이해 현실로 다가온 식량 위기 문제, 소형모듈원자로(SMR)가 열어가는 친환경 에너지 시대, 튀르키예 지진이나 러시아 화산폭발로 알아보는 천재지변의 원인 등이 최근 국내에서 관심을 받았던 과학이슈였다.
요즘에는 과학적으로 중요한 이슈, 과학적인 해석이 필요한 굵직한 이슈가 급증하고 있다. 이런 이슈들을 깊이 있게 파헤쳐 제대로 설명하기 위해 전문가들이 머리를 맞댔다. 국내 대표 과학 매체의 편집장, 과학 전문기자, 과학 칼럼니스트, 관련 분야의 연구자 등이 최근 주목해야 할 과학이슈 11가지를 선정했다. 이 책에 소개된 11가지 과학이슈를 읽다 보면, 관련 이슈가 우리 삶에 어떤 영향을 미칠지, 그 이슈는 앞으로 어떻게 전개될지, 그로 인해 우리 미래는 어떻게 바뀌게 될지 생각하는 힘을 기를 수 있다. 이를 통해 사회현상을 심층적으로 분석하다 보면, 일반교양을 쌓을 수 있을 뿐만 아니라 각종 논술이나 면접 등을 준비하는 데도 여러모로 도움이 될 것이라 본다.

2023년 7월 편집부

contents

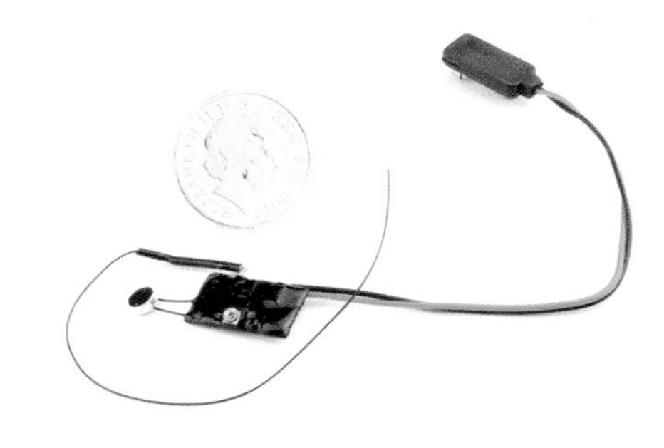

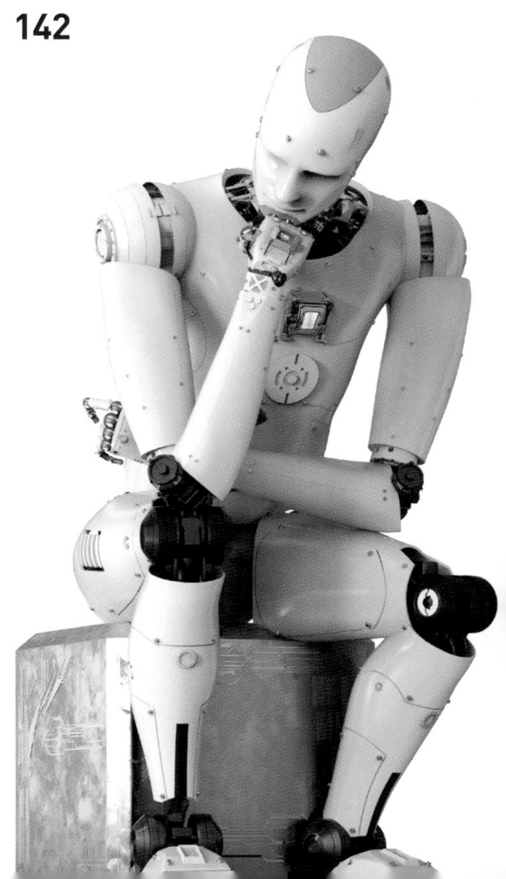

1

ISSUE 1 환경

후쿠시마 오염수

한세희

지디넷코리아 과학전문기자이다. 전자신문 기자와 동아사이언스 데일리뉴스 팀장을 지냈다. 기술과 사람이 서로 영향을 미치며 변해 가는 모습을 항상 흥미롭게 지켜보고 있다. 『어린이를 위한 디지털과학 용어사전』, 『챗GPT 기회인가 위기인가(공저)』, 『과학이슈11 시리즈(공저)』 등을 썼고, 『네트워크 전쟁』 등을 우리말로 옮겼다.

일본 후쿠시마 오염수 방류, 괜찮을까?

2007년 후쿠시마 원전. 2011년 동일본 대지진이 일어나기 전의 모습이다.
ⓒ 도쿄전력(TEPCO)

2011년 3월, 9.0 규모의 대규모 지진이 일본 동북부 지역을 뒤흔들었다. 거대한 쓰나미가 태평양 연안 마을들을 덮치며 1만 8000명 이상이 사망했다. 동일본 대지진은 1986년 체르노빌 원전 사고 이후 최악의 원자력 재난의 원인이 되기도 했다. 후쿠시마현에 있던 원자력 발전소의 노심 냉각 장치가 과열되어 폭발이 일어났고, 온도를 낮추기 위해 뿌린 바닷물이 방사성 물질에 노출되어 오염수가 되었다.

일본 정부는 저장 탱크를 지어 오염된 바닷물을 모아 두다가 저장 용량의 한계에 부딪혀 결국 방류를 결정했다. 다핵종제거설비(Advanced Liquid Processing System, ALPS)라는 설비를 통해 문제가 되는 방사성 물질을 걸러 내고 방출한다고 하지만, 이 설비로 걸러지지 않는 삼중수소가 주변 환경과 인체에 미치는 영향에 대해선 논란과 우려가 분분하다.

일본 정부의 후쿠시마 오염수 방류가 임박하면서 이를 둘러싼 찬반 양측의 대립은 커지고 있고, 심각한 정치적 대립의 소재가 되면서 차분한 논의는 사실상 불가능한 지경에 이르렀다. 그런 가운데 수질 오염을 우려해 소금을 미리 사재기하는 사람들이 생기고 어업 종사자들이 피해를 호소하면서 사회적 갈등과 비용은 이미 발생하고 있다.

후쿠시마 원전 오염수 방류는 일본과 주변 국가 시민의 생활과 건강, 환경에 영향을 미치는 사안이며, 동일본 대지진이라는 거대한 재앙을 인류가 해결해 가는 과정에서 거쳐야 하는 중요한 길목이기도 하다. 하지만 중요성에 비해 제대로 이해하고 대화하기 어려운 주제이기도 하다. 방사성 물질을 둘러싼 과학적 사실이 논의를 위한 출발점 역할을 하지만, 이는 대부분 쉽게 와 닿지 않는 추상적 문제다. 반면 위험에 대한 가능성은 강하게 느껴진다. 사람들이 받아들이는 위험에 대한 인식은 건조한 사실 관계와는 괴리가 큰 경우가 종종 있다.

대지진에 이은 원전의 붕괴라는 전례를 찾아볼 수 없는, 그래서 해결해 본 적도 없는 사안에 대해 앞으로 적어도 30년 이상의 시간을 단위로 검토하고 결정을 내려야 한다는 것은 누구에게나 부담스럽고 불안한 일일 수

2013년 4월 국제원자력기구(IAEA) 전문가들이 후쿠시마 원전을 점검하러 방문했다.
© Greg Webb / IAEA

밖에 없다. 하지만 그럴수록 판단의 근거를 찾기 위한 기본적 사실 관계를 확인하고 무엇이 문제인지, 무엇이 논란인지 차분히 살펴볼 필요가 있다. 후쿠시마 오염수 문제에 대해 우리가 알아야 하고, 생각해 보아야 할 것들은 무엇이 있을까?

▶ 후쿠시마 원전에선 아직도 오염수 쏟아져

후쿠시마 원전 사고는 1986년 구소련, 지금의 우크라이나에 있는 체르노빌 원전 사고 이후 최악의 원자력 발전 관련 사고로 꼽힌다. 일본 정부는 이 사고가 국제원자력기구(IAEA)의 국제원자력사고등급(NIES) 중 최고 수준인 레벨 7 사고라고 발표했다. 체르노빌 원전 사고가 레벨 7이었다.

이 사고는 2011년 동일본 대지진으로 인한 거대한 쓰나미가 후쿠시마현 제1 원전을 덮치면서 일어났다. 쓰나미로 주전원과 보조 전원 등 전원 공급 장치가 모두 망가지면서 전력 공급이 끊겨 원자로를 식히는 노심 냉각 장치가 작동을 멈췄다. 연료봉을 이루는 우라늄은 붕괴하면서 방사성 물질을 내는데, 이때 열도 함께 발산된다. 이 열로 연료봉이 녹아 방사성 물질이 노출될 수도 있다. 그래서 연료봉 주위를 항상 냉각수로 가득 채워 두는데, 쓰나미로 인해 그만 냉각 장치가 멈춰 버렸다. 냉각수가 부족해져 증기가 심하게 발생해 원자로 안 압력이 커졌고, 이로 인한 폭발을 막기 위해 증기를 원자로 밖으로 배출했다. 이 과정에서, 핵분열 과정에서 발생하는 수소가 원자로 밖으로 나와 원자로를 외부에서 감싼 격벽 건물 윗부분에 쌓였다. 이 수소가 뜨거운 열기를 이기지 못하고 폭발하면서 원자로 외부 건물이 무너졌다. 제1 원전의 6개 원자로 중 4기에서 수소 폭발이 일어났다.

1주일 정도 시간이 흐른 후 원자로 냉각 기능이 정상화되고 전력 복구 작업이 일단락되었다. 하지만 냉각 기능이 작동하지 않는 동안 과열을 늦추기 위해 뿌린 바닷물이 문제가 되었다. 바닷물이 원자로 안 방사성 물질에 노출되어 오염된 상태에서 누출된 것이다. 본래 원자로 손상을 막기 위해 정화 처리된 물을 냉각수로 써야 하지만, 상황이 급박해 그냥 바닷물을 부어

2013년 4월 후쿠시마 원전의 작업자들이 지하수(오염수) 저장고에서 일하는 모습. 2가지 유형의 지상 저장 탱크가 보인다.
© Greg Webb / IAEA

냉각수로 썼다. 원전을 포기하는 결정이었지만, 방사능 오염수가 나오는 것은 막을 수 없었다. 원자로 주변에서 높은 농도의 방사성 물질을 포함한 물웅덩이가 발견되고, 인근 바다에서도 방사성 요오드가 20만~30만 Bq(베크렐, 베크렐은 방사성 물질에서 방사선이 얼마나 나오는지를 보여주는 단위이며, 1Bq의 방사성 물질은 1초당 1번의 붕괴를 하는 양이다. 방사선이 인체에 미치는 영향을 나타내는 단위로는 시버트가 있다) 수준으로 검출됐다. 여기에 비나 지하수가 계속 원자로 안으로 유입되면서 오염수가 새로 생기고 있다.

이에 따라 오염수를 보관해 처리해야 할 필요가 커졌다. 일본 정부는 저농도 방사성 물질을 방류하고, 고농도 오염수는 보관해 두는 저장 시설을 마련했다. 하루에 나오는 오염수는 사고 초기 500톤에 달했으며, 현재는 140톤 수준으로 줄었다. 일본은 지하수 유입을 줄이기 위한 차단 장벽을 설치하고 이들 오염수를 대형 탱크에 보관하는 한편, 오염수 속 방사성 물질을 걸러낼 수 있는 ALPS 장치를 2013년 도입해 가동하기 시작했다.

이렇게 보관해 둔 오염수를 ALPS 처리를 거쳐 이제 바다에 방류하겠다는 것이 일본의 계획이다. 저장 용량이 포화 상태에 가까워진 데다 ALPS

설비로 오염수 내 방사성 물질을 안전 기준 이하로 걸러낼 수 있기 때문이라는 것이 일본 정부의 입장이다. 후쿠시마 원전 부지에는 저장 용량이 1,356m^3(1356톤)인 저장 탱크가 천 기 이상 설치되어 있어 총 저장 용량은 137만m^3에 이른다.

▶ 오염 제거 핵심 설비인 다핵종제거설비(ALPS)란?

다핵종제거설비(ALPS)는 'Advanced Liquid Processing System'의 약자로, 문자적으로는 '고급 용수 처리 시스템'이라는 의미이다. 후쿠시마 제1 원전을 운영하는 일본 도쿄전력이 손상된 원자로 주변에서 발생하는 방사성 물질 오염수를 처리하기 위해 설치한 시설이다. 오염수에 녹아 있는 다양한 종류의 방사성 핵종을 걸러내 제거하는 기능을 한다. ALPS는 일본 도시바, 히타치 등이 개발해 도쿄전력에 납품했으며, 하루 250톤의 오염수를 정화할 수 있다.

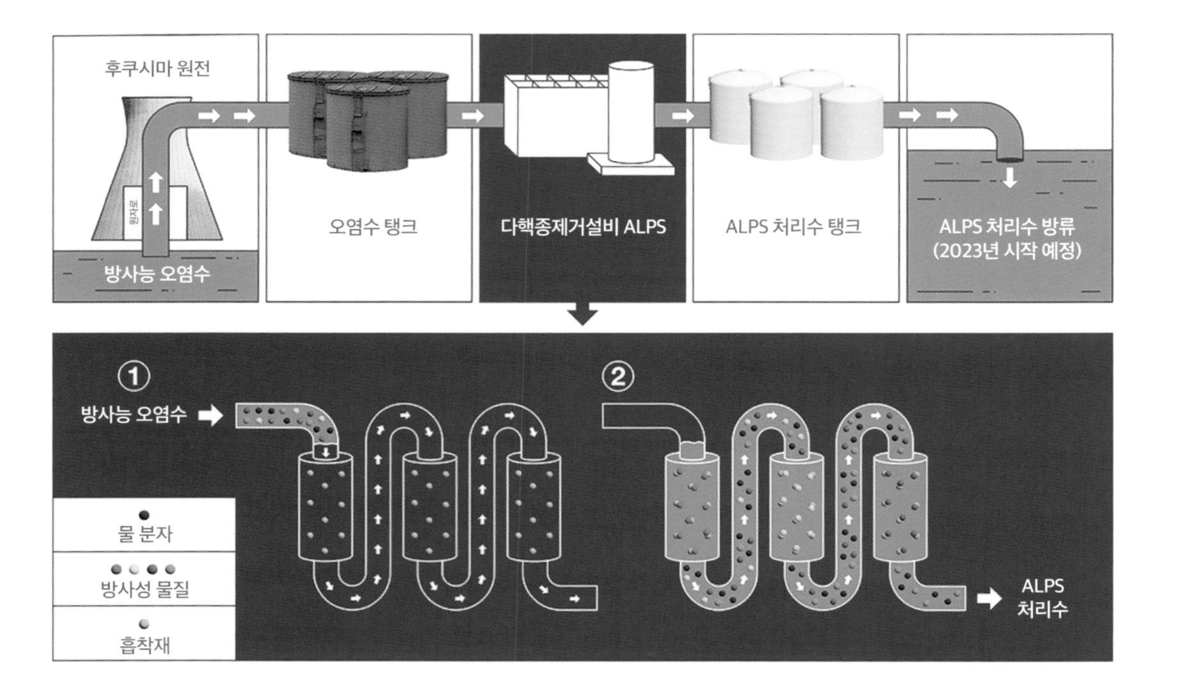

다핵종제거설비 ALPS의 작동 과정
ALPS는 일련의 화학반응을 이용해 오염수에서 62개의 방사성 핵종을 제거하는 펌핑 및 여과 시스템이다. 하지만 오염수에서 삼중수소를 제거할 수 없다.
ⓒ 일본 경제산업성(METI), 도쿄전력(TEPCO)

원자로에서 나온 오염수는 우선 별도 장치에서 세슘, 스트론튬, 염분 등을 제거한 후 ALPS 장치로 보내 나머지 유해 핵종을 걸러내는 작업을 거친다. 보관한 오염수를 펌프를 이용해 처리 시설로 보내, 각종 필터와 흡착재, 화학 작용 등을 통해 오염수에 포함된 핵종을 제거한다. 핵종이 국제 안전 기준에 부합하는 수준으로 내려갈 때까지 정화 작업을 반복한다. 이를 통해 세슘-137이나 스트론튬-90, 코발트-60과 같은 62개의 핵종을 국제 규제 기준 이하로 제거할 수 있다는 것이 도쿄전력의 설명이다.

ALPS를 비롯해 ALPS 처리를 거친 오염수를 방류 전 보관하는 측정 확인용 설비 K4 탱크군, 이송·희석·방출 설비, 중앙감시제어실, 방사능 분석 실험용 화학분석동 등이 오염수 관리를 위한 핵심 설비들이라 할 수 있다. 여러 과정을 거쳐 처리된 물은 현재 원전 부지 내 별도 저장 탱크에 보관되어 있다. 2021년 3월 기준으로 저장 탱크에 보관된 오염수가 보관 총량의 92%에 해당하는 125만 톤을 넘어섰고, 2023년 3월에는 132만 톤에 이르렀다. 저장 용량 한계가 임박함에 따라 일본 정부는 이 오염수를 바다에 방류할 계획이다.

일본은 2013년부터 해양 방류 논의를 시작했고, 2021년 4월 2년의 준비 기간을 두고 오염수를 방류하기로 최종 결정을 내렸다. 2023년 6월 오염수를 해안에서 1km 떨어진 곳의 바다 밑에 만든 방출구까지 연결하는 해양 방출 설비를 완성해 시운전도 실시했다(이 책이 출간된 시점에서는 이미 일본이 해양 방류를 시작한 후일 가능성이 크다).

안전 기준에 맞춰 정화한다고 하지만, 일본 국내나 주변 국가들 사이에서는 여전히 불안이 큰 것도 사실이다. 후쿠시마 원전 사고와 같이 다량의 오염수가 발생해 여러 종류의 핵종을 동시에 제거해야 하는 원전 사건은 과거에 없었고, 따라서 ALPS와 같은 시설이 가동되는 것도 처음이라 전례나 과거의 데이터 등을 참고할 수 없기 때문이다. 과연 ALPS 시설이 일본 정부의 약속처럼 문제없이 잘 작동할 수 있을지 확언하기는 어려운 상황이다.

또한 APLS로 처리가 되지 않는 삼중수소가 미칠 영향에 대해서도 관심이 쏠린다. 일본은 삼중수소를 안전 기준 이하로 희석해 바닷물에 방류한다는 방침이지만, 이를 놓고도 안전성 논란이 일고 있다.

▶ 왜 삼중수소가 문제일까?

삼중수소의 정체와 자연 상태 존재량

삼중수소는 우주선이 공기 분자와 충돌할 때 대기에서 생성되는 자연 발생 방사성 수소이며 해수에 존재하는 자연 발생 방사성 핵종 중에서 방사선학적 영향이 가장 낮다. 삼중수소는 원자력 발전소에서도 생기며, 반감기는 12.3년이다. 다만 삼중수소수의 체내 생물학적 반감기는 7~14일로 상대적으로 짧다. 사람의 피부를 통해 체내에 침투할 수 없지만, 매우 많은 양을 흡입하거나 섭취하는 경우 방사선 위험이 나타날 수 있다.

삼중수소는 수소의 동위원소이다. 수소 원자의 핵은 보통 하나의 양성자로 이뤄져 있는데, 간혹 한 개의 양성자와 한 개의 중성자, 혹은 한 개의 양성자와 두 개의 중성자로 구성된 동위원소가 나타난다. 동위원소는 화학적 성질은 거의 같지만, 질량이 달라 물리적으로는 약간의 차이가 있다.

수소와 마찬가지로 삼중수소는 기체 또는 물의 형태로 존재한다. 원자력 발전 과정에서도 생성되는데, 산소와 결합된 형태로 물과 완전히 섞이기 때문에 ALPS의 핵종 제거 설비로 걸러낼 수 없다. 이에 따라 후쿠시마 원전에서 나온 삼중수소가 방류된 후 해양 생물의 먹이사슬을 타고 농축되어 인체에 쌓일 수 있다고 염려하는 의견이 나온다. 삼중수소는 체내에서 붕괴하여 베타선을 내며 헬륨-3로 바뀌며, 이때 나오는 베타선이 DNA를 공격하면

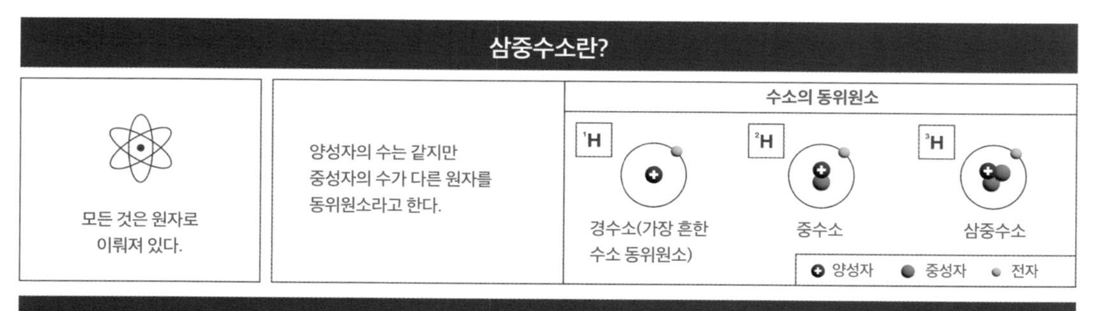

자연 환경에는 삼중수소가 얼마나 존재할까?

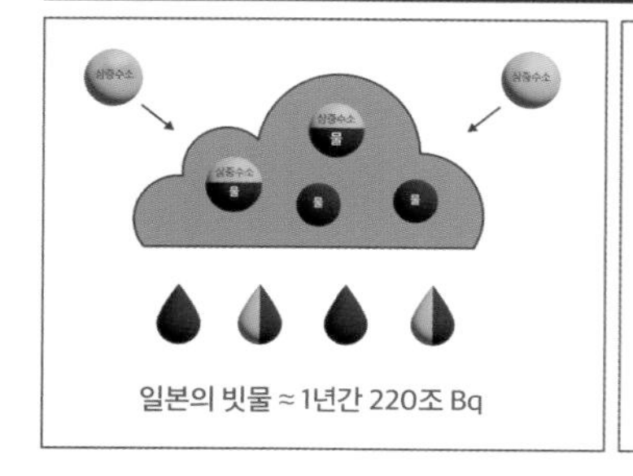

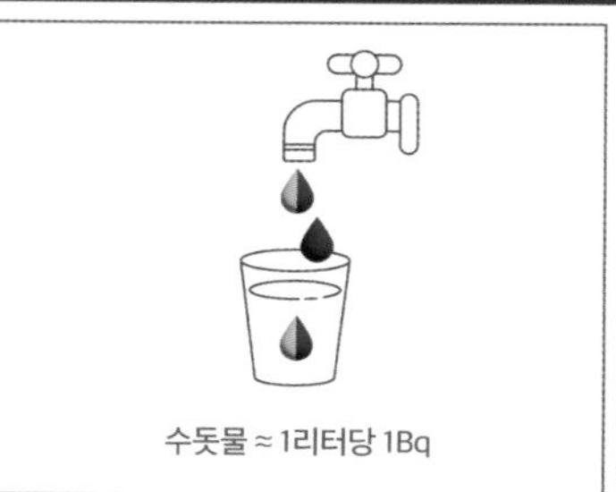

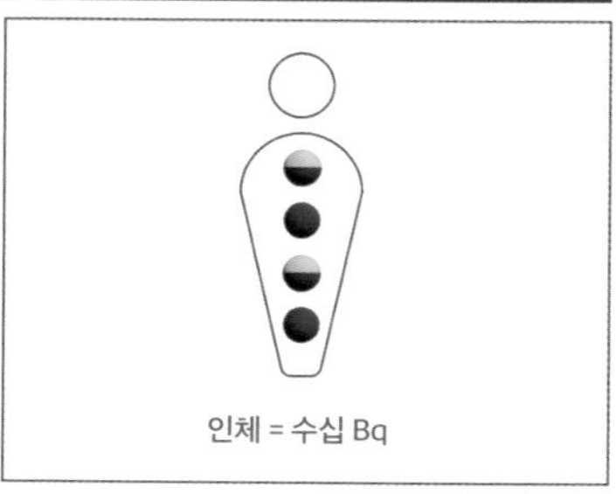

건강을 상할 가능성이 있다.

반감기가 12.3년인 삼중수소는 붕괴할 때 약 6keV의 약한 베타선을 낸다. 이는 공기 중에서 6mm 정도 움직일 수 있는 정도라, 인체 피부 조직을 투과하지 못한다. 하지만 삼중수소가 외부에서 피부를 뚫고 들어가지는 못하지만, 몸 안으로 들어가 체내 피폭이 일어나면 문제가 될 수 있다는 우려가 제기된다.

도쿄전력은 ALPS 처리 후 남는 삼중수소를 400~500배의 바닷물로 희석해 농도를 기준치의 40분의 1 수준으로 낮춘 뒤 해양에 방류할 계획이다. 일본의 배출 기준치는 리터당 6만 Bq인데, 이를 리터당 1500Bq로 농도를 낮추어 방출하겠다는 뜻이다. 현재 오염수에 들어 있는 삼중수소의 총량은 약 780조 Bq이다. 일본은 이 같은 희석 작업을 거쳐 앞으로 30년에 걸쳐 삼중수소를 방류한다. 연간 삼중수소 방출 총량은 원전 사고 전 방출관리 목표치였던 22조 Bq 이하로 낮춘다는 목표다.

▶ 후쿠시마 오염수 방류를 둘러싼 쟁점 4가지

후쿠시마 원전 오염수 방류와 관련한 논란은 크게 ALPS가 걸러야 하는 모든 핵종을 적절하게 걸러내는가, 걸러내지 못한 삼중수소를 물에 희석해 방류하는 방법은 안전한가, ALPS 장비는 적절하게 작동하는가, 유해 물질이 제대로 제거되는지 어떻게 신뢰성 있게 확인할 것인가, 우리나라에는 어떤 영향을 미칠 것인가, 기타 환경적 생태적 영향은 없는가 등으로 구분할 수 있다. 이러한 질문들에 대한 답을 찾아가 보자.

▣ 쟁점 ① ALPS는 제대로 작동하나?

여러 종류의 방사성 핵종을 거르기 위한 ALPS와 같은 시설이 설치되어 운영되는 것은 이번이 처음이다. 따라서 ALPS가 충분한 성능을 갖고 있는지, 장기적으로 안정적으로 동작하며 효과적으로 유해 물질을 제거할 수 있을지 등을 놓고 우려가 있었다.

2023년 5월 IAEA 관계자가 후쿠시마 원전을 방문해 ALPS 처리수를 바다로 방류하는 시설의 터널을 점검하는 장면.
© TEPCO

ALPS는 설치 초기 고장이 일어나거나 안정적으로 작동하지 않는 경우가 있었으나 도쿄전력이 이를 제대로 알리지 않은 사실이 나중에 드러나 불신을 사기도 했다. 초기 ALPS 저장 탱크로는 용량이 큰 볼트 조립식 탱크가 쓰였으나, 접합 부위에서 누설이 일어나는 문제가 생겨 용접 방식으로 교체하기도 했다. 오염수 탱크 바닥에 진흙 같은 모양의 침전물이 발견됐으나 이를 제대로 보고하지 않았고, 측정용 시료를 탱크 윗부분의 물에서만 떴다는 의혹도 제기됐다.

2021년 6월 기준으로 ALPS로 처리된 오염수 중 배출 기준을 만족하는 경우는 30% 정도에 그치기도 했다. ALPS 가동 초기 성능이 안정화되지 않았던 것도 이유의 하나이다. 또 초기에는 오염수 배출 기준을 맞추는 것보다는 오염수를 최대한 많이 처리하여 발전소 부지경계 지역의 추가 방사선량을 일정 수준 이하로 낮추는 데 초점을 맞췄기 때문이기도 하다.

현재 ALPS는 방사성 핵종을 배출 기준 이하로 제대로 걸러내는 것으로 평가된다. 탱크 안 내용물을 휘저어 균일하게 하는 교반 장치 등이 작동되고 있고, 처리된 오염수가 배출 기준을 충족하지 못하면 기준에 닿을 때까지 반복해 정화하는 방식이다. 모든 오염수는 방류 전 K4 탱크에서 균질화 및 측정 단계를 거치며, 배출 기준을 초과한 오염수는 ALPS로 되돌아가 재정화된다. 방사성 핵종을 거르는 이온교환필터나 흡착재 등은 사용을 거듭할수록 성능이 떨어지므로 ALPS에서 이 같은 상황을 모니터링하고 적절하게 필요한 장치를 교환해 최적의 성능을 유지하는지 확인할 필요는 있다.

▣ 쟁점 ② 어떻게 검증할까?

ALPS 설비가 적절한 기준과 절차에 따라 운용되는지 확인하는 것도 중요한 문제이다. 국제원자력기구(IAEA)는 2023년 6월 발표한 일본 후쿠시마 오염수 1차 시료 분석 결과에 대한 확증 모니터링 보고서에서 후쿠시마 원전 오염수 배출과 관련해 도쿄전력의 시료 분석과 측정 방법 등은 적절했다는 평가를 내린 바 있다. 이 보고서는 도쿄전력의 오염수 분석 방식이나 분석 능력 등을 조사하기 위한 것으로서, IAEA뿐만 아니라 한국과 미국, 프랑스 등의 연구실에서 각기 오염수 저장 탱크에서 얻은 시료를 분석했다. 이들의 시료 분석 결과는 일본이 내놓은 결과와 유의미한 차이가 없는 것으로 나타났다. 또 기존에 알려지지 않은 추가 방사성 핵종도 검출되지 않았다. 이를 바탕으로 IAEA는 도쿄전력이 측정 및 기술 역량에서 높은 수준의 정확도를 보였고, 적절한 방법론적 기준을 따른 시료 채취 절차를 밟았으며, 방사선 핵종에 대해 선택한 분석 방법이 적절하다고 결론 내렸다.

IAEA가 원자력의 이용에 관한 문제를 다루는 국제기구이고, 운영을 위한 분담금에 있어 일본의 기여가 크다는 점을 들어 IAEA가 친원자력, 친일본 결론에 기울어져 있을 가능성을 우려하는 목소리도 있다. IAEA는 2023년 7월, 후쿠시마 오염수를 처리하는 일본 정부의 절차나 역량 등이 국제 안전 기준에 부합한다는 최종 보고서를 발표하기도 했다. 또 대학이나 연구소 등의 원자력 전문가나 연구자들 역시 자신들의 '밥줄(?)'인 원자력에 우호적인 목소리를 낼 수밖에 없다는 주장도 나온다.

그러나 IAEA는 미국, 유럽, 중국을 비롯해 세계 176개 회원국이 참여하고 있고, 이들의 이해관계가 일치하는 것은 아니기 때문에 일본에 유리한 방향으로 결정을 내릴 것이라 단정하기도 어렵다. IAEA 분담금은 일본보다

2023년 5월 우리나라 전문가 시찰단이 후쿠시마 원전을 방문해 점검하는 장면.
ⓒ TEPCO

중국이 더 많이 내고 있다. 또 연구자나 전문가가 자신들의 전문 분야에 매몰되어 사회 전체의 유익에 반하는 주장을 할 수 있다는 지적도 타당하나, 이들 전문가가 논란이 되는 분야에 대해 가장 전문성을 가지고 꾸준히 연구하며 많은 경험을 가진 사람들이라는 점 역시 사실이다. 오염수 방류 또는 원전 등의 문제에서 찬반 입장에 있는 사람들은 입장은 뚜렷하게, 증거는 충실하게 제시하며 토론하는 것이 정체불명의 '중립적 전문가'를 찾는 것보다 문제 해결에 도움이 될 것이다.

앞으로 방류가 실시된 후 일본 정부가 오염수 처리 및 관리를 제대로 할 것인지, 측정 결과와 데이터를 투명하게 공개할 것인지 등은 지속적으로 지켜보며 견제해야 한다. 후쿠시마 원전 사고 초기, 도쿄전력이나 일본 정부가 사고 대처나 정보 공개 등에 있어 미진한 모습을 자주 보인 것을 생각하면 더욱 그렇다. IAEA를 비롯해 우리나라 등 주변 국가들도 지속적 관리와 투명한 정보 공개, 검증 방안 마련 등을 일본 정부에 꾸준히 요구하고 있다.

다만, 방류된 오염수의 영향을 가장 가까이에서, 가장 크게 영향을 받는 곳은 무엇보다 일본이라는 점, 오염수가 방류되면 곧바로 주변 국가들과 여러 환경 단체들이 주변 해역의 오염 정도 측정에 나설 것이라는 점 등을 생각하면 다양한 국가 및 비정부기구 사이의 견제와 균형이 작동하리라는 기대도 가능하다. 우리나라 정부는 2023년 5월 21명의 전문가 시찰단을 꾸려 후쿠시마 오염수 관련 시설을 시찰했으며, 원자력안전기술원은 3차례에 걸쳐 후쿠시마 오염수와 후쿠시마 연해 어류, 해저 퇴적물 등을 직접 조사했다.

▣ 쟁점 ③ 삼중수소 처리는 해양 방류가 최선인가?

ALPS가 정상적으로 작동한다 해도 이 시설로 처리되지 않는 핵종이 있다. 앞서 언급한 삼중수소와 탄소 동위원소인 탄소-14(C-14)이다. C-14 역시 삼중수소처럼 붕괴하며 베타선을 방사한다. C-14 문제는 2020년 환경단체인 그린피스가 제기했다. 그러나 후쿠시마 오염수에 포함된 C-14 농도는 리터당 평균 32.3Bq, 최대치 215Bq로, 배출 기준인 리터당 2000Bq에 미치지 못한다. 바닷물로 희석한 후에는 농도가 더욱 낮아진다.

가장 논란이 되는 것은 삼중수소이다. 후쿠시마 원전 오염수 중 삼중수소 농도는 일본 정부의 배출 기준인 리터당 6만 Bq의 10배 수준이다. 그래서 삼중수소를 큰 용량의 바닷물에 희석해 기준치 이하로 낮춰 방류하겠다는 것이 일본 정부의 방침이다. 6만 Bq의 40분의 1 수준인 리터당 1500Bq 수준으로 희석해 연간 22조 Bq씩 30년에 걸쳐 방류한다.

방류는 삼중수소를 처리하는 가장 좋은 방법일까. 일본 정부가 오염수를 방류하지 말고 별도의 저장 시설을 증설하거나 수증기 방출 등 다른 처리 방법을 적용해야 한다는 주장도 꾸준히 제기된다. 일본은 2013년 말부터 2016년까지 오염수 내 삼중수소를 처리하기 위한 여러 기술을 검토했다. 해양 방류 외에도 지층 주입, 수증기 방출, 수소 방출, 지하 매설 등이 후보로 거론됐다. 지층 주입은 깊이 2500m의 안정된 지층에 삼중수소를 주입하는 방식이다. 수증기 방출은 삼중수소수를 증발시켜 삼중수소를 포함한 고온 수증기를 대기로 방출하는 방식이고, 수소 방출은 삼중수소를 전기분해해 수소로 환원시켜 대기로 방출하는 방식이다. 지하 매설은 삼중수소를 포함한 삼중수소수를 시멘트 등을 이용해 고체로 만들어 콘크리트 구멍에 매

| 삼중수소수 태스크포스의 기본요건 검토 결과 |

구분	처분 개념	기술적 성립성	규제 성립성
지층 주입	압축기를 이용해 파이프라인을 통해 깊이 2500m의 안정된 지층에 삼중수소수를 주입	*적절한 지층을 찾지 못하면 처분을 개시할 수 없음 *적절한 모니터일 기법이 확립돼 있지 않음	*처분 농도에 따라서는 새로운 규제·기준이 필요할 수 있음
해양 방출	삼중수소수를 희석해 해양(태평양)으로 방출	*원자력시설에서 삼중수소를 포함한 방사성 액체의 해양 방출 사례가 있음	*적용 가능한 규제·기준이 있음
수증기 방출	삼중수소수를 증발처리하고 삼중수소를 포함한 고온 수증기를 배기통을 통해 대기로 방출	*보일러에서 증발시키는 방법은 TMI 사고 후의 경험이 있음	*적용 가능한 규제·기준이 있음
수소 방출	삼중수소수를 전기분해로 수소로 환원시킨 후 대기로 방출	*실제 처리수에 적용하려면 전처리나 처리규모 확대 관련 기술 개발이 필요할 가능성이 있음	*적용 가능한 규제·기준이 있음
지하 매설	삼중수소수를 시멘트 등으로 고화처리한 후 콘크리트 구멍 등에 매설	*콘크리트 구멍(pit) 처분, 차단형 처분장 등의 실적이 있음	*새로운 기준 개발이 필요할 가능성이 있음

*출처: 『후쿠시마 원전사고의 논란과 진실(백원필, 양준언, 김인구, 동아시아, 2021년)』

설하는 것이다.

이후 일본 정부는 2019년까지 기술적 실현 가능성, 적용과 관리가 가능한 규제 기준의 존재 여부 등을 따져 해양 방류와 수증기 방출, 또는 두 방식의 혼용으로 후보군을 좁혔고, 2020년 희석 후 해양 방류 방식을 최종적으로 선택했다. 과거 경험, 인허가 절차, 환경 영향 등의 측면에서 가장 바람직한 방법이라는 것이 일본 정부의 설명이다. 2021년 일본 정부는 2년 정도의 준비 기간을 거쳐 후쿠시마 오염수를 바다에 방류하기로 최종 결정을 했다.

실제로 해양 방류나 수증기 방출은 원자력 발전 과정에서 생기는 삼중수소를 처리하는 가장 일반적 방법이다. 우리나라나 미국, 캐나다, 중국 등도 삼중수소를 바다에 방류하고 있다. 우리나라 고리, 새울, 한빛, 한울, 월성 등 5개 원자력 발전소에서 2021년 7월부터 2022년 6월까지 1년간 배출한 삼중수소 총량은 157조 Bq이었다. 일본이 1년간 방류하겠다는 후쿠시마 오염수 내 삼중수소 22조 Bq의 7배 수준이다. 프랑스 라아그 재처리 시설은 2015년 기준으로 연간 38.8g의 삼중수소를 방출했다고 한다. 후쿠시마 오염수에 포함된 전체 삼중수소를 무게로 따지면 약 2.2g이다.

일본이 방류하는 후쿠시마 오염수 내 삼중수소는 이미 주변 환경에 존재하는 자연적, 인위적 삼중수소의 양에 비해 특별히 많거나 추가적 영향을 준다고 하기는 어렵다는 것이 전문가들의 견해다. 일본 정부가 목표로 하는 리터당 1500Bq의 삼중수소는 커피 한 잔(4900Bq)이나 바나나 한 개(6000Bq)에 들어 있는 삼중수소보다 적은 양이다. 동해 바다에 비로 내리는 삼중수소 무게만 연간 5g에 이른다.

방류된 삼중수소는 해류를 타고 퍼지며 더욱 농도가 옅어지고, 우리나라 해안에 도착할 무렵이면 더욱 줄어든다. 후쿠시마 인근 해류는 북태평양을 넘어 미국과 캐나다 쪽으로 먼저 이동하며, 필리핀과 대만 등을 거쳐 우리나라로 들어온다. 우리나라는 후쿠시마와 지리적으로는 가장 가깝지만, 해류로 따지면 가장 먼 셈이다. 한국해양과학기술원과 한국원자력연구

2013년 11월 IAEA 전문가와 도쿄전력 관계자가 후쿠시마 원전 근처에서 해수 샘플을 수집하는 모습.
© David Osborn / IAEA

원 등의 시뮬레이션에 따르면, 방류된 후쿠시마 오염수가 우리나라 제주도까지 오는 데에는 4~5년이 걸릴 전망이다. 그때 남아 있을 삼중수소는 1m^3당 0.001Bq로 추산된다. 현재 우리나라 해역의 삼중수소 농도는 150Bq 전후다. 과거 미국과 소련의 핵 실험이나 원전 가동의 결과로 생긴 삼중수소가 자연 발생한 삼중수소와 섞여 있는 상황이다. 중국 해양연구소도 비슷한 시뮬레이션 결과를 제시한 바 있다.

▣ 쟁점 ④ 해산물은 괜찮을까?

후쿠시마 오염수에 포함된 삼중수소 또는 다른 방사성 물질이 방류되면 바다에서 어류에 축적되고, 이들 어류가 다시 우리 식탁에 오르면서 사람들까지 방사성 물질에 노출될 것이란 우려도 적지 않다.

삼중수소가 붕괴하며 내는 베타선은 체내 유전자 속 염기 서열의 결합을 끊을 수 있다. 삼중수소가 내는 베타선의 에너지는 5.7keV 정도로, 49keV의 에너지를 내는 C-14나 1176keV를 내는 세슘-137에 비하면 훨씬 작다. 그럼에도 이 정도의 에너지로도 DNA가 손상되는 일이 생길 수 있다. 염기서열 간 연결이 2개 이상 끊어지면 드물게 암이 발생하거나 암을 억제하는 기능의 유전자가 손상을 입을 수도 있다.

그러나 삼중수소는 지방 성분 사이에 끼어 몸 밖으로 배출되지 않은 채 먹이 사슬을 거치며 어류 체내에 점점 더 크게 농축되는 중금속과 다르다. 즉 삼중수소는 일반 수소와 마찬가지로 물에 결합된 형태로 주로 존재하기 때문에 몸 밖으로 쉽게 배출된다. 일반적인 물(H_2O)에서 수소 하나가 삼중수소로 바뀐 형태가 대부분이고, 3% 정도가 유기화합물과 결합한 유기결합삼중수소(OBT) 형태로 존재기도 한다.

물의 일부로 존재하는 삼중수소의 생물학적 반감기는 12일 정도다. 몸에 들어왔다가 2주가 채 되기 전 절반이 몸 밖으로 다시 나간다. 체내 삼중수소는 이런 형태가 97%이다. 어류는 몸이 작아 삼중수소가 더 빨리 방출되므로 중금속 농축과 같은 수준의 위협은 아니다. 다만 OBT 형태로 있는 삼중수소는 40일에서 최대 350일까지 신체에 머물 수 있다. 삼중수소가 내

후쿠시마 오염수 방류로 인해 일본과 우리나라 근해에서 잡히는 어류가 과연 안전할지 우려하는 목소리가 높다.

는 베타선은 피부를 뚫고 들어갈 정도의 힘이 없지만, 몸 안에서 피폭될 경우 이야기가 다를 수 있다는 우려가 나온다.

방류된 오염수는 제대로 처리된다는 전제하에, 농도가 배출 규제 기준에 비해 낮고, 그중 체내로 들어온 삼중수소의 97%는 물의 형태로 몸 밖으로 빠져나가며, 게다가 우리 몸의 세포는 DNA의 오류를 수정하는 기능이 잘 갖춰져 있다. 하지만 만에 하나의 가능성을 완전히 배제할 수는 없다. 방사선이 미치는 영향에 대해선 조금이라도 피폭되면 그 양에 비례해 영향도 커진다는 의견, 별 영향이 없다가 어느 임계점을 넘는 순간 영향이 커진다는 의견 등이 대립하고 있다. 저선량 방사선 때문에 생긴 세포 변형이 암을 일으킨다는 역학적 근거는 미비한 상황이다.

이런 가운데 최근 후쿠시마 인근에서 잡힌 우럭에서 기준치의 180배가 넘는 1만 8000Bq의 세슘이 검출됐다는 보도가 나와 우려가 증폭됐다. 그러나 이곳은 원전 사고 당시 처리되지 못한 오염수가 흘러나간 곳이며, 일본 정부는 인근에 그물망을 두고 물고기가 빠져나가지 못하게 하는 식으로 특별 관리를 하고 있다. 이 물고기는 일반적인 어로 작업의 결과로 잡힌 것이 아니라 현장 관리를 위한 모니터링의 일환으로 잡아 검사한 것이다.

후쿠시마 원전 사고 이후 우리나라는 해산물에 대한 모니터링과 검사를 강화했는데, 기준치 이상의 방사성 물질이 검출된 해산물이 나온 적은 없다. 소금이 삼중수소로 오염될 가능성도 희박하다. 삼중수소는 대부분 물속에서 일반 수소 대신 산소와 결합한 형태로 존재하기 때문에, 물을 증발시켜 소금을 만들 때 함께 날아간다.

사실 후쿠시마 원전 사고 직후에는 ALPS 시설도 없는 상태에서 지금의 오염수보다 훨씬 유해 물질 농도가 짙은 오염수가 불가피하게 바다에 방류됐지만, 10년이 넘게 지난 현재 그로 인한 영향을 찾기는 어려운 실정이다. 적어도 지금까지는 말이다.

▶ 대화와 신뢰를 위한 과학이 필요하다

그러나 많은 독자에게는 후쿠시마 오염수의 성질이나 그 처리 방식에 대한 이런 이야기들이 그다지 머리에 들어오지 않을 수 있다. 방사성 물질, 특히 삼중수소의 위험성이나 일본 정부의 정화 처리 역량 및 신뢰성 등에 대해 과학적 사실을 기반으로 문제를 인식하는 것이 사안에 대한 바른 접근이라고 다들 이야기하지만, 위험성을 걱정할 필요가 없다는 측이나 위험하다는 측이나 모두 '과학'의 이름을 앞세워 주장을 설파하고 있다. 내가 동조하지 않는 측이 말하는 '과학'은 누군가의 이해관계를 숨기기 위한 포장이나 거짓 선전에 불과하다는 생각을 양측에서 하고 있다.

현재까지 과학이 밝혀낸 것과 알고 있는 것 등을 중심으로 이런저런 우려에 대해 많은 설명이 이루어지고 있으나, 사람들에게 설득력 있게 다가가지는 못하고 있는 듯하다. 자신이 처음에 가졌던 생각에 반하는 증거를 좀처럼 받아들이려 하지 않는 모습도 볼 수 있다.

사람들 인식 속에 위험은 크게 다가오지만, 세부적 내용은 직관적으로 파악하기 어려운 문제를 두고 이런 상황이 벌어질 가능성이 크다. 후쿠시마 오염수나 광우병 위험 등이 대표적이다. 사실 관계를 바탕으로 위험의 정도나 대책을 인식해야 하지만, 사람들이 항상 둘 사이의 관계를 비례적으로 생각하며 판단하지는 않는다는 점을 인정할 필요가 있다.

홍성욱 서울대 교수(과학사 및 과학철학 협동과정, 생명과학부)는 최근 동아사이언스에 기고한 글에서 시민들이 더 크게 두려움을 인식하는 위험이 있다고 설명한다. 예를 들어 비자발적인 위험, 불평등하게 분배되는 위험, 도망칠 수 없는 위험, 새로운 위험, 자연적이지 않고 인간이 만든 위험, 돌이킬 수 없는 위험, 후속 세대에 지속되는 위험, 두려움의 정도가 큰 위험, 과학이 잘 모르는 위험, 전문가들 사이의 의견이 일치하지 않는 위험 등의 특징을 가진 위험들이다. 후쿠시마 오염수는 이 같은 특징들을 상당수 가진 대표적인 위험 사례이다. 과거 광우병 논란이나 코로나19 mRNA 백신 등에 대한 우려도 비슷한 경우였다.

이런 성격의 사안에 대해서는 과학적 사실에 기반한 증거 못지않게 신뢰를 확보하기 위한 사회적 소통이 중요하다. 하지만 정치적으로, 사회적으로 양극화된 사회에서는 서로 신뢰를 회복하기 위한 대화의 가능성은 희박해진다. 도리어 상대의 신뢰를 깎아내리기 위해 과학적으로 혹은 사회적으로 존재하는 실체를 외면하려 할 가능성이 크다. 과학을 앞세워 상대를 윽박지르거나, 맥락을 고려하지 않는 채 '안전', '생명' 등의 당위를 내세워 상대를 압박하는 이미지가 혹시 지금 후쿠시마 오염수 문제를 둘러싼 소통 방식 아닌가. 사람마다 위험을 달리 인식할 수 있다는 점을 인정하는 것도, 자연스럽게 생기기 마련인 위험 인식을 한 발짝 떨어져서 다른 증거와 비교해 생각해 볼 수 있는 것도, 상호 신뢰를 위한 대화가 가능하다는 것도 모두 과학이 우리에게 줄 수 있는 능력이고 선물이다.

2

ISSUE 2 인공지능

생성형 AI와 챗GPT

이충환

서울대 천문학과를 졸업한 뒤 동 대학원에서 석사학위를 받고, 고려대 과학기술학 협동과정에서 언론학 박사학위를 받았다. 천문학 잡지 《별과 우주》에서 기자 생활을 시작했고 동아사이언스에서 《과학동아》, 《수학동아》 편집장을 역임했으며, 현재는 과학 콘텐츠 기획·제작사 동아에스앤씨의 편집위원으로 있다. 옮긴 책으로 『상대적으로 쉬운 상대성이론』, 『빛의 제국』, 『보이드』, 『버드 브레인』 등이 있고 지은 책으로는 『블랙홀』, 『칼 세이건의 코스모스』, 『반짝반짝, 별 관찰 일지』, 『재미있는 별자리와 우주 이야기』, 『재미있는 화산과 지진 이야기』, 『지구온난화 어떻게 해결할까?』, 『과학이슈 11 시리즈(공저)』, 『챗GPT 기회인가 위기인가(공저)』 등이 있다.

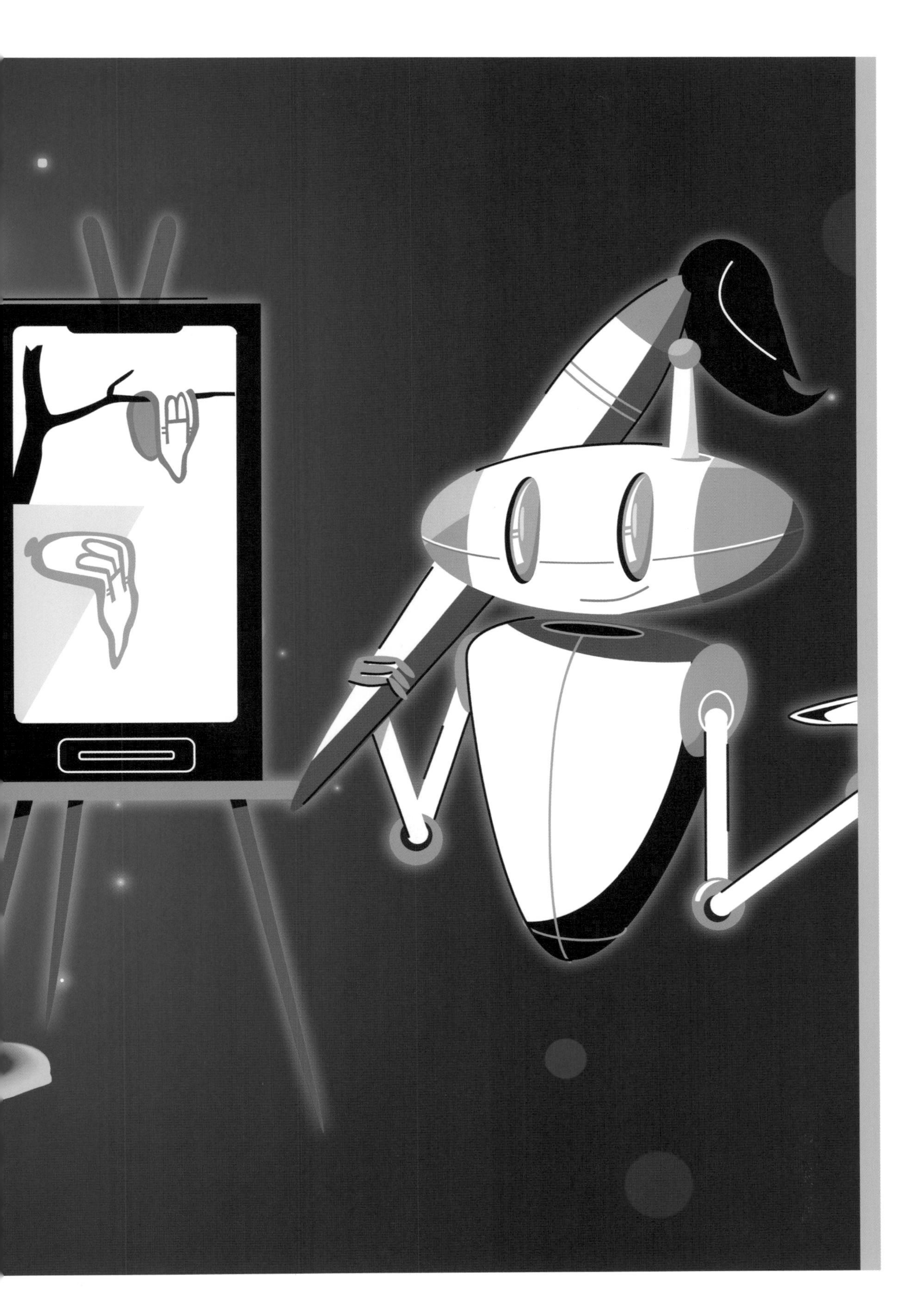

챗GPT 쇼크 이후, 생성형 AI가 뜬다

오픈AI의 챗GPT는 텍스트 기반의 대화형 인공지능(AI) 서비스다.

놀랍게도 공개 5일 만에 사용자가 100만 명을 넘어섰고, 공개 2개월 뒤엔 월간 활성 사용자(MAU) 수가 1억 명을 돌파했다. 그 주인공은 2022년 11월 30일 미국 기업 오픈AI가 공개한 '챗(Chat)GPT'다. 월간 활성 사용자 수(MAU)란 월 단위로 1회라도 접속한 사람의 수를 뜻한다. 텍스트 기반의 대화형 인공지능(AI) 서비스인 챗GPT가 MAU 1억 명을 달성하는 데는 2개월이 걸렸다. MAU 1억 명 달성에 택시 호출 서비스인 우버가 70개월, 사진 위주의 SNS인 인스타그램이 30개월, 짧은 동영상 제작·공유 플랫폼 틱톡이 9개월이 각각 걸렸는데, 챗GPT 기록은 이것들보다 훨씬 빠른 것이다.

챗GPT가 큰 인기를 모은 이유는 단순히 질문에 답변하는 능력이 뛰어나기 때문이 아니다. 시나 소설 쓰기, 번역, 논문 작성, 노래 작사·작곡, 코딩 작업까지 다양한 분야에서 놀라운 능력을 보인다는 점에서 기존 AI와 상당히 다르다. 먼저 교육·연구현장은 혼란에 빠졌다. 챗GPT의 텍스트 생성 기능이 뛰어나다 보니, 챗GPT로 학교 과제물이나 에세이, 보고서, 논문 등을 작성한 결과는 사람이 쓴 것과 구별하기 어렵기 때문이다. 국내외 학생들이 챗GPT를 활용해 과제를 하는 경우가 늘면서 많은 학교에서 학생들의 챗GPT 사용을 금지하고 있다. 게다가 챗GPT는 미국에서 로스쿨 시험, 경영대학원(MBA) 졸업시험, 의사면허시험 등을 통과할 만한 수준을 보여줘 많은 사람을 경악하게 했다.

우리는 2016년 구글 딥마인드의 바둑 인공지능 '알파고(Alpha Go)'가 세계적 바둑 고수 이세돌 9단을 압도적으로 이겼을 때 이와 비슷한 느낌을 느낀 바 있다. 아무리 인공지능이 뛰어나다 하더라도 세계 정상급 기사를 이기기 힘들 것이라고 예상했지만, 이런 예상과 달리 알파고가 총 5회 대국에서 4승 1패로 이세돌 9단을 물리쳤다. 당시 많은 사람은 AI가 인간을 대체하는 세상이 오지 않을까 걱정하는 '알파고 쇼크'에 빠졌다. 2022년 말 등장해 몇 개월 만에 전 세계를 놀라게 한 챗GPT를 두고 이러한 알파고 쇼크를 떠올리는 사람이 많다. 가히 챗GPT 쇼크라 부를 만하다. 이후 챗GPT를 비롯한 생성형 AI가 쏟아져 나오며 크게 주목받고 있다.

▶ 챗GPT 열풍과 '프롬프트 엔지니어'

지금까지 컴퓨터와 소프트웨어, 기계는 인간이 해 오던 많은 영역을 대체하고, 더 효율적으로 만들었다. 기계로 인해 사람들의 일자리도 많이 사라지거나 변화했다. 하지만 언어나 창의성, 예술적 창작 활동 등은 기계가 흉내 낼 수 없는 인간의 영역으로 오롯이 남을 것이라는 인식이 지배적이었다. 최근 챗GPT를 필두로 한 생성형 AI 열풍은 이 같은 고정관념을 뒤엎고 있다. AI는 깜짝 놀랄 정도로 사람과 비슷하게, 아니 더 잘 말하고 문장을 쓰고 그림을 그리는 능력을 보여주고 있다. 이미 음악도 만들어 내고 있고, 조만간 영상을 만들어 내는 AI도 대중화될 것으로 예상된다.

생성형 AI는 텍스트, 이미지, 음악 등의 원본 콘텐츠를 생성할 수 있는 AI다. 이를 활용하기 위해 복잡한 사용법이나 코딩을 배워야 하는 것도 아니다. 명령을 텍스트로 입력하는 프롬프트가 전부다. 물론 원하는 결과를 얻고자 정교한 프롬프트를 써야 하는데, 수많은 시행착오를 거치는 경우도 있다. 오죽하면 '프롬프트 엔지니어'라는 직업이 새로 생기겠는가.

그래도 결과물을 얻기까지의 과정이 훨씬 간단해진 것은 사실이다. 원하는 바를 말이나 글로 지시하면 바로 결과물을 얻을 수 있는 시대가 오는 것이다. 개념을 상상하기만 하면 AI가 구체화해 결과를 내놓는다. 창작이나 지식 노동의 생산성이 극적으로 올라갈 수밖에 없다. 말씀으로 세상을 창조한 하나님처럼 사람은 프롬프트로 AI를 부릴 수 있을까. 프롬프트 입력이 글과 그림, 노래를 창작하는 중요한 수단이 되는 날이 곧 다가올 수도 있다.

물론 텍스트 분야는 더 말할 것도 없다. 애초에 생성형 AI 혁명이 AI 자연어처리 모델의 획기적 발전과 함께 시작되었다. 챗GPT는 그럴듯한 시를 써내고 웹페이지 내용을 적절하게 요약해 주며, 아이의 생일 파티나 회사 기획 회의를 위한 초안을 제시하기도 한다. 챗GPT의 성공에 놀란 구글은 챗GPT와 비슷한 대화형 AI 서비스인 '바드'를 허둥지둥 내놓기도 했다. 바드는 구글이 이미 개발해 두었던 '람다(LaMDA)'라는 언어 모델에 기반을 두고 있다. 시연 행사에서 잘못된 정보를 내놓는 등의 문제를 노출해 초기에 좋은 반응을 얻지는 못했지만, 시간이 지나면서 점점 나아지고 있다.

영미권 SF 전문 출판사 클락스월드는 챗GPT로 쓴 작품의 투고가 너무 많이 쏟아져 들어와 아마추어 작가 투고를 한동안 중단해야 했다. 세계 최대 온라인 쇼핑몰인 아마존의 e북 섹션에는 2023년 2월 기준으로 챗GPT가 저자인 책인 이미 200권 이상 등록되었다. 우리나라에서도 유명 과학자가 챗GPT와의 대화를 기반으로 책을 써 출판하기도 했다. 사실 AI의 문학 창작 역시 갑자기 나타난 현상은 아니다. 일본에서는 2016년 소설 쓰는 AI가 만든 작품이 '호시 신이치 문학상'이란 유명 SF 공모전에서 1차 심사를 통과하기도 했다.

미국의 온라인 매체 C넷은 금융 분야 기초 지식과 정보를 소개하는 기사를 AI로 작성하는 시도를 했다. 재미있는 온라인 퀴즈와 고양이 사진 등으로 유명한 온라인 매체 버즈피드는 AI를 활용해 퀴즈 콘텐츠 등을 만들겠다는 계획을 밝혔다. 언론계에서도 AI의 영향력은 커지고 있다.

▶ 생성형 AI가 만드는 사진, 이미지, 음악의 수준은?

"1940년대 가족 사진에서 볼 수 있던 시각적 언어를 연상시키는, 두 세대 여성들에 대한 놀라운 흑백 초상 이미지." 지난 4월 '2023 소니 월드 포토그래피 어워드(Sony World Photography Awards)' 크리에이티브 부문 수상작으로 선정된 '위기억(僞記憶): 일렉트리시아(Pseudomnesia: The Electricia)'에 대한 심사평이다.

하지만 상을 받은 독일의 사진작가 보리스 엘닥센(Boris Eldagsen)은 수상자 발표 후 이 작품이 사실은 AI로 생성한 이미지라는 사실을 밝히며 수상을 거부했다. 엘닥센은 "나는 이러한 사진 대회가 AI가 생성한 이미지를 출

❶ 독일의 사진작가 보리스 엘닥센(Boris Eldagsen)이 '2023 소니 월드 포토그래피 어워드(Sony World Photography Awards)'에 출품한 작품. 사실 AI로 생성한 이미지다.
© Boris Eldagsen

❷ 미국의 제이슨 앨런(Jason Allen)이 AI로 만든 작품 '스페이스 오페라 극장(Space Opera Theater)'.
© Jason Allen

❶

❷

품하는 것에 대해 준비되어 있는지 알아보기 위해 참가했다"라고 말했다. 그러면서 그는 "사진계에는 무엇이 사진이고, 무엇이 사진이 아닌지에 대하여 열린 토론이 필요하다"고 말했다. 사진 분야에서 세계적 권위를 자랑하는 소니 월드 포토그래피 어워드에서 쟁쟁한 사진 작가들을 제치고 AI가 우승을 차지한 것이다.

2023년 소니 월드 포토그래피 어워드가 AI가 시각 예술 분야에서 인간을 앞선 첫 사례는 아니다. 이미 2022년 말 미국 콜로라도주가 개최한 미술대회에서 이미지 생성형 AI인 '미드저니'로 만들어 낸 '스페이스 오페라 극장(Space Opera Theater)'이라는 작품이 1위를 차지해 논란이 되었다. 당시 주최 측은 대회 규정에 창작 과정에서 디지털 기술의 도움을 받는 것을 금지하는 내용이 없다면서 다만 이 같은 방식의 예술에 대해 더 많은 대화가 필요할 것이라고 밝혔다.

이미지 생성형 AI가 본격적으로 주목받기 시작한 계기는 2021년 등장한 '달리(DALL-E)'이다. GPT-3를 만든 오픈AI가 개발했다. 그림에 대한 설명을 텍스트로 입력하면 그에 맞는 이미지를 만들어 낸다. '하프로 만든 달팽이'나 '아보카도 안락의자' 같은 문장을 주면 그에 맞는 이미지를 그려냈다. 인터넷에 존재하지 않고, 그래서 학습한 적도 없는 이미지를 마치 상상력 풍부한 미술가처럼 생성할 수 있다는 점이 많은 사람을 놀라게 했다.

2022년에는 해상도를 높이고 결과물을 편집할 수 있는 두 번째 버전 '달리(DALL-E)2'가 나왔다. 회사 경영자는 백인 남자로만, 간호사는 백인 여자로만 묘사하는 등의 편향성 문제도 개선했다. 월 15달러 유료 구독 상품도 내놓고, 사용자가 달리2로 만든 이미지를 판매할 수 있게 하면서 시장 개척에 나섰다.

구글은 이매젠(Imagen), 페이스북과 인스타그램을 운영하는 메타는 '메이크-어-신(Make-A-Scene)'이라는 비슷한 AI 이미지 생성 도구를 선보였다. 메이크-어-신은 사용자가 간단한 그림을 그려 첨부하면 그 구도에 맞춰 그림을 그려 주기도 한다. 사용자의 의도를 좀 더 잘 반영할 수 있다.

이미지 생성형 AI는 빅테크 기업만의 전유물이 아니다. 스테빌리티AI

라는 스타트업은 대학 연구소 및 동영상 소프트웨어 기업과 협력해 '스테이블 디퓨전'을 선보였다. 달리와 같이 빅테크 기업이 만든 AI 모델에 뒤지지 않는 성능을 보여주면서, 사용자가 비교적 제약 없이 자유롭게 활용할 수 있게 했다. 페이크 이미지 생성 등을 우려해 특정 종류의 이미지 생성은 금지하는 등의 제약을 많이 걸어 놓은 대기업들과는 다른 접근이다.

드레이크와 위켄드의 목소리를 AI에 훈련시켜 가짜 노래를 만든 틱톡커 고스트라이터.
ⓒ 고스트라이터 틱톡

미드저니라는 연구팀이 만든 같은 이름의 이미지 생성 모델은 메신저 디스코드를 통해 접근할 수 있고, 다른 사용자와 결과물을 공유할 수도 있다. 콜로라도주 미술대회에서 우승한 작품 '스페이스 오페라 극장'이 바로 미드저니로 만든 이미지이다.

생성형 AI의 침공은 음악 분야도 예외는 아니다. 2023년 4월 '하트 온 마이 슬리브(Heart on My Sleeve)'라는 노래가 스포티파이, 애플뮤직 등에서 인기를 끌었다. 캐나다 출신 싱어송라이터 위켄드와 유명 래퍼 드레이크의 노래였지만, 사실 이 노래는 위켄드나 드레이크가 실제 부른 곡이 아니었다. 익명의 틱톡 사용자가 AI에게 두 가수의 목소리를 훈련시키고 목소리를 합성해 만든 가짜 노래였다. 결국 위켄드와 드레이크의 소속사 유니버설뮤직의 요청으로 이 음원은 나흘 만에 음악 플랫폼에서 내려졌다. 실제 아티스트가 참여하지 않아도, 그들의 목소리와 음색으로 음악을 만들 수 있다는 뜻이다.

구글은 최근 음악을 만드는 생성형 AI '구글 뮤직LM'을 공개했다. '우주에서 길을 잃은 듯한 느낌의 SF풍 음악' 또는 '저녁 파티를 위한 소울풀 재즈' 같이 원하는 분위기와 장르, 악기 등을 설정해 음악을 만들 수 있다. 오픈AI는 '쥬크박스', 메타는 '오디오젠'이라는 음악 AI 모델을 선보였다. 국내에서도 여러 스타트업이 음악 생성 AI를 개발해 가요나 드라마 삽입곡, 광고 등에 쓰이는 음악을 제공한다. 가수 홍진영의 노래 '사랑은 24시간'은 크리에이티브마인드라는 회사가 개발한 AI 작곡 프로그램 '이봄'이 만들었다.

이미지와 음악을 넘어, 원하는 사항을 글로 입력하면 동영상을 만드는 AI도 등장하고 있다. 학습해야 할 데이터가 방대하고 연산이 복잡해 품질이 아직 충분히 뛰어나진 않지만, 조만간 현재의 이미지나 텍스트 생성형 AI에 필적하는 수준의 동영상 제작 모델이 나올 것이란 전망이다. AI가 전자상거래 사이트 상품 소개 페이지에 있는 상품 설명과 제품 이미지 등을 학습해 자동으로 홍보 동영상을 만드는 기술은 이미 상용화되었다.

▶ '코파일럿'으로 떠오른 생성형 AI

생성형 AI는 우리가 일하는 방식도 근본적으로 바꾸어 놓을 것으로 전망된다. 직장에서 일상적으로 이뤄지는 이메일 작성, 기획안 만들기, 회의자료 정리, 파워포인트 제작, 마케팅 문구 제안 등이 대부분 생성형 AI에 의해 대체될 가능성이 크다. 워드와 엑셀, 파워포인트 등 오피스 소프트웨어를 판매하는 마이크로소프트나 온라인 오피스 도구인 워크스페이스를 제공하는 구글 등이 모두 생성형 AI 접목에 나섰다.

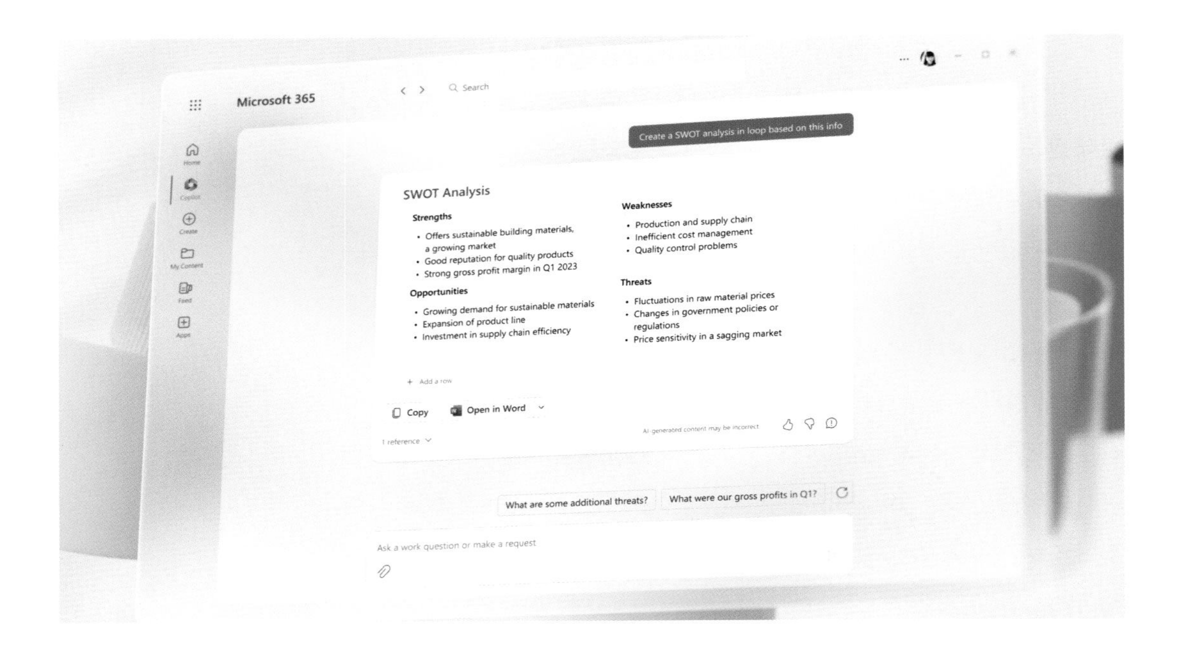

MS 오피스 프로그램에 챗GPT를 접목한 '마이크로소프트 365 코파일럿'의 시연 이미지.
ⓒ MS 공식 블로그

마이크로소프트는 지난 3월 오피스 프로그램에 챗GPT를 접목한 '마이크로소프트 365 코파일럿'을 공개했다. 마이크로소프트는 오픈AI에 100억 달러(약 12조 원) 이상을 투자한 덕분에, 오픈AI의 초거대 AI 자연어처리 모델 GPT-4를 워드나 파워포인트 같은 자사의 생산성 프로그램과 결합할 수 있었다. GPT-4는 챗GPT의 바탕이 된 GPT-3.5를 능가하는 모델이다. 예를 들어 미국 대학입학 자격시험(SAT), 대학원수학자격시험(GRE), 변호사 시험 등에서 이전 버전을 넘어섰다는 평가를 받는다.

코파일럿을 쓰면 챗GPT에 명령해 원하는 결과를 얻듯, 사용자가 원하는 것을 오피스 프로그램에 일상 언어로 명령할 수 있게 된다는 것이 마이크로소프트의 설명이다. 워드에 간단한 정보를 주고 이를 바탕으로 관련 문서를 만들라 할 수 있고, 문서 내용을 기반으로 파워포인트 프레젠테이션을 생성할 수도 있다. 복잡한 매출 데이터가 담긴 엑셀 파일에서 주목해야 할 트렌드 몇 가지를 AI가 골라 주기도 하고, 사용자의 막연한 요청을 함수를 써서 해결해 줄 수도 있다. 또 아웃룩 메일과 협업 도구 팀즈의 대화 내용, 내 연락처와 원노트 메모에 담긴 내용을 기반으로 지식 그래프를 엮어 제안서를 만들어 줄 수도 있다. 더구나 AI 코파일럿은 우리가 알지도 못했던 엑셀 함수나 파워포인트 기능을 사용해 우리 작업을 처리해줄 수 있다.

마이크로소프트는 소프트웨어 코딩에도 AI를 적용했다. 마이크로소프트는 세계의 프로그래머들이 자신이 짠 코드들을 공유하는 깃허브라는 온라인 서비스를 운영하는데, 여기에 자연어로 명령하면 이를 자동으로 프로그래밍용 코드로 바꿔주는 서비스를 내놓았다. 이것의 이름도 '코파일럿'이다. 마이크로소프트는 자사의 다양한 AI 서비스에 '코파일럿'이란 이름을 붙이고 있다. AI가 마치 비행기의 부기장처럼 사람을 돕는 역할을 한다는 의미이다. 코딩 역시 컴퓨터가 알 수 있는 언어를 컴퓨터에 제시하는 것이라는 점을 생각하면, 자연어처리에 강한 AI 모델이 코딩 역시 잘하는 것은 당연하다. 또 원하는 디자인과 구도를 텍스트로 입력하면 그에 맞춰 카드나 포스터 등의 이미지와 문구를 자동 생성하는 '디자이너'라는 온라인 서비스를 선보이기도 했다.

어도비 '파이어플라이'로 만든 이미지.
ⓒ 어도비 공식 블로그

구글 역시 마이크로소프트와 비슷한 기능들을 제시하고 있다. 구글이 최근 예고한 '헬프 미 라이트(Help me write)' 같은 기능이 대표적이다. 이는 AI가 이메일 초안을 대신 써주는 기능이다.

이를테면 예약한 항공권이 취소되었다는 이메일을 항공사로부터 받았을 경우 '전액 환불을 요청하는 이메일' 같은 명령을 입력하면 이 같은 내용으로 AI가 스스로 이메일을 작성한다. 과거에 메일로 받은 항공권 정보를 불러와 상황에 맞게 메일을 맞춤형으로 작성한다. 사용자가 직접 머리를 싸매고 이메일 내용을 생각하느라 고민할 필요가 없다. 내용을 좀 더 구체적으로 작성하고 싶으면 수정할 수도 있다.

이미지 편집 프로그램 포토샵으로 유명한 어도비도 '파이어플라이'라는 이미지 생성형 AI 서비스를 선보였다. 어도비가 자체적으로 보유한 방대한 상업용 사진 및 이미지로 AI를 학습시켜, 그래픽 디자이너가 저작권 걱정 없이 이미지를 만들 수 있다. 학생들이 발표 자료나 행사 홍보물 등을 만들기 위해 많이 쓰는 '미리캔버스', '캔바' 같은 서비스도 생성형 AI 기능을 접목하고 있다.

이러한 변화들은 AI가 창작이나 지식 노동과 같은 업무에 활용되고, 나아가 인간을 대체할 수 있다는 가능성을 제기하고 있다. AI는 업무나 창작 분야에서 훌륭한 보조자가 될 수 있다. 챗GPT는 몇 가지 입력 데이터와 정보를 바탕으로 브레인스토밍 회의를 위한 밑바탕 자료 제시나 생일 파티 준비를 위한 할 일 목록 작성, 프로그램 코드 작성, 대략의 구상만 있는 소설에 대한 초안 쓰기 등을 할 수 있다.

이는 초기 아이디어를 구체적으로 다듬거나 초안을 작성하는 것처럼 창작이나 지식 노동에서 가장 고통스러운 과정을 극적으로 줄여줄 수 있다는 가능성을 보여준다.

▶ 생성형 AI, 어떻게 글이나 이미지를 생성하나?

놀라운 능력을 보여주는 생성형 AI의 원리는 무엇일까. 최근 생성형 AI 열풍은 초거대 자연어처리 모델의 발달에 힘입은 바 크다. 챗GPT, GPT-4 등 오픈AI의 GPT 시리즈, 구글의 람다(LaMDA)나 팜(PaLM) 2 등이 일상에서 쓰는 언어, 즉 자연어를 처리하기 위한 AI 모델이다. 이는 기본적으로 다음에 나올 적절한 단어를 예측하는 모델이며, 방대한 데이터에 대한 학습 결과를 바탕으로 정확도를 높이기 위해 지속적으로 조정된 결과물이다.

초거대 자연어처리 모델은 단어가 제시되면 그 뒤에 따라올 단어가 무엇일지 예측한다. '오늘 날씨가'라는 두 단어가 제시됐다면, 그다음에 나올 말로는 날씨가 좋을지 나쁠지를 묻는 '어때?'나 그날의 날씨 상황을 나타내는 '너무 좋다!' 또는 '우중충하네' 등이 있을 것이다. 챗GPT나 구글 바드와 같은 AI 모델은 데이터가 충분하고 모델이 정교하다면, 다음에 나올 단어들을 연속적으로 적절히 예측해 자연스럽고 그럴듯한 문장을 만들어 내고 대화를 이어갈 수 있다는 것을 보여준다.

구글이 2021년에 대화형 언어모델 람다(LaMDA)를 시연한 장면. 당시 람다는 자신을 명왕성이라고 여기고 사람과 대화했다.
ⓒ 구글 유튜브 캡처

본래 컴퓨터 소프트웨어는 정형화된 데이터와 명령을 처리하는 것은 잘하지만, 상황과 맥락에 따라 수시로 표현이나 의미가 바뀌는 사람의 말과 글 같은 비정형 데이터를 다루는 데는 취약했다. 번역이나 작문 등 언어 관련 기능에서 진전이 더딘 이유였다. AI 챗봇은 등장한 지 꽤 되었지만, 한동안 어색한 수준을 벗어나지 못했다. 많은 연구 끝에 이 같은 한계를 넘기 위한 기술적 발전이 몇 차례 있었고, 이는 오늘날 자연스러운 문장을 생성하는 자연어처리 모델을 바탕으로 한 챗GPT의 등장으로 이어졌다.

단어 사이의 의미와 연관도를 숫자로 표현할 수 있게 된 것도 이 같은 혁신의 하나였다. 인간은 주변 상황이나 맥락을 파악해 단어나 문장의 의미를 자연스럽게 이해한다. 이는 컴퓨터에는 어려운 일이다. 그래서 컴퓨터가 알 수 있도록 언어를 숫자로 변환해 나타낸다. 단어가 가진 여러 특징을 추출해 수치로 나타내는 것이다.

예를 들어 신문과 사과를 '크기'와 '둥근 정도'라는 2가지 척도를 기준으로 나타낸다고 해 보자. 관련도가 낮으면 0, 높으면 100이라고 한다면 신문은 (10, 0), 사과는 (3, 98) 정도로 표현할 수 있을 것이다. 단어의 의미가 좌표로 변환되었고, 이제 두 단어 사이의 거리를 측정할 수 있게 되었다. 물론 실제 언어에서는 많은 단어가 많은 특징과 연결되어 있으므로, 2차원 좌푯값이 아니라 수백, 수천 차원의 좌푯값이 나온다. 이들 좌푯값을 통해 가까이 있는 단어들은 의미가 비슷한 것으로, 멀리 떨어진 단어들은 연관이 약한 것으로 판단할 수 있다.

나아가 이들 수치를 기반으로 어떤 단어 주변에 위치할 만한 단어들의 존재 확률을 계산할 수도 있다. '다음 단어를 예측한다'는 행위를 특정 좌푯값 주변에 어떤 값들이 존재할 수 있는 확률을 따진다는 연산으로 바꾸는 셈이다.

언어를 수치로 표현함으로써 딥러닝을 언어 분야에 좀 더 효과적으로 적용할 수 있게 되었다. 입력값을 기반으로 원하는 출력값을 얻고자 모델을 만들 때, 이를테면 어떤 단어를 입력해 그에 이어질 가장 적절한 다음 단어를 찾고자 할 때 입력값을 특정한 조건에 따라 연산하며 그 결괏값이 원하는 결과와 비슷한지 검증하고, 좀 더 비슷해지도록 조건을 바꿔 나간다.

마치 뇌 신경세포들이 서로를 연결하는 신호의 강약에 따라 정보를 전달하는 신경망을 구성하듯, 컴퓨터는 원하는 최적의 결괏값이 나오도록 입력값에 대한 연산 조건을 조정해 가며 다음 단계로 정보를 전달하는 인공신경망을 구현한다. 입력층과 출력층이 여럿 이어지면서 층층이 깊게 쌓인다 하여 '딥러닝'이라는 개념이 등장했다. 최적의 결과가 나오도록 앞 단의 값을 연산하는 특정한 조건을 '매개변수'라고 부르는데, 이는 뇌의 시냅스와 비슷한 역할을 한다고 볼 수 있다. AI 모델 제작은 최적의 결과가 나오도록 이들 매개변수를 조정하는 작업이다. 매개변수가 정교하고 수가 많을수록 모델의 성능이 좋아질 가능성이 커진다. 오픈AI가 2020년 내놓은 GPT-3는 1750억 개의 매개변수를 활용해 인터넷에서 수집한 4990억 개의 텍스트 데이터를 학습했다.

단어의 의미를 수치로 구성된 좌푯값으로 표현할 수 있게 됐기 때문에 이처럼 방대한 데이터와 매개변수를 가진 AI 모델도 컴퓨팅 프로세서를 대거 투입해 돌릴 수 있게 됐다. 모델은 복잡해도 매개변수를 처리하는 연산 자체는 간단한 덧셈이나 곱셈이므로 그래픽처리장치(GPU) 같은 반도체를 대량으로 연결해 학습 및 추론을 시킬 수 있다. 물론 거대한 AI 모델을 돌리는 데 필요한 반도체 등을 구매하려면 큰 비용이 든다. 챗GPT를 구동하는 슈퍼컴퓨터는 하나에 1만 달러(약 1,300만 원) 하는 GPU를 약 1만 개 연결한 것으로 알려져 있다.

이미지 생성은 이 같은 자연어처리 모델의 힘을 활용하는 방식으로 접근한다. 오픈AI는 GPT-3를 개발한 뒤 텍스트 대신 디지털 이미지를 이루는 화소, 즉 픽셀로 인공지능을 훈련하는 '이미지 GPT-3' 프로젝트를 진행했다. 단어를 보고 다음 단어를 예측하듯, 이미 나온 픽셀을 보고 다음 픽셀을 예측하는 방식이다. 이미지 GPT-3는 반쯤 그려진 그림을 완성할 수 있었다.

오픈AI가 여기서 한발 더 나아가 개발한 것이 이미지와 텍스트를 모두 활용한 '달리(DALL-E)'와 '클립(CLIP)'이라는 AI 이미지 모델이다. 인터넷에서 수집한 이미지와 그 이미지에 딸린 설명문을 학습했다. AI를 훈련하

| 글로벌 초거대 AI 경쟁 현황 |

기업		초거대 AI 종류	출시일	파라미터 수
해외	오픈AI	챗GPT(GPT-3.5 기반)	2022. 11. 30.	1750억 개
	빅사이언스	블룸(BLOOM)	2022. 6. 17.	1760억 개
	구글	바드(Bard, 람다(LaMDA) 기반)	2023. 2. 6.	1370억 개
		팜(PaLM)	2022. 4. 4.	5400억 개
		고퍼(Gopher)	2021. 12. 8.	2800억 개
	MS, 엔비디아	메가트론(Megatron, MT NLG 기반)	2021. 10. 11.	5300억 개
국내	네이버	하이퍼클로바(HyperClova)	2021. 5. 25.	2040억 개
	카카오	코지피티(KoGPT)	2021. 11. 12.	300억 개
	LG	엑사원(Exaone)	2021. 12. 14.	3000억 개

*출처: 각 사(社) 및 언론 자료 종합(SPRi 2023)

는 데 쓰이는 이미지 데이터에는 '고양이', '자동차' 등의 꼬리표가 달려 있는데, 이들 꼬리표의 텍스트를 사진과 연계해 학습시킨 것이다. 특히 클립은 연관 있는 텍스트와 이미지를 연결한다. 묘사된 내용과 가장 잘 일치하는 이미지를 찾아내는 이미지 인식 기술인 셈이다. 무작위 사진 설명 중 주어진 이미지에 가장 적합한 것은 무엇인지 예측하도록 훈련된다.

생성적 대립 신경망(Generative Adversarial Network, GAN) 기술의 등장도 생성형 AI의 발전에 기여했다. '대립' 혹은 '적대적'이라는 뜻의 영어(adversarial) 표현에서 알 수 있듯 생성 네트워크와 판별 네트워크란 두 개의 신경망이 서로 경쟁해 가며 결과물을 만드는 방식이다. 생성 네트워크는 이미지나 시, 소설 등 새로운 콘텐츠를 생성하고, 판별 네트워크는 이 콘텐츠가 진짜인지, 진짜에 얼마나 가까운지 등을 판별한다.

생성 네트워크는 판별 네트워크를 속일 수 있는 수준의 결과물을 내놓으려 하고, 판별 네트워크는 속지 않고 진위를 판단하려고 경쟁하는 과정에서 생성물의 품질이 올라가는 셈이다. 이를 통해 시인이 쓴 것 같은 시, 사람과 구분하기 어려운 딥페이크 얼굴, 실제 화가의 화풍대로 그려진 가짜 그림 등이 등장할 수 있게 됐다.

▶ 생성형 AI의 한계와 문제점

생성형 AI는 인터넷이나 스마트폰만큼 중요할 것이란 예측이 나올 정도로 사회에 큰 충격을 주었고, 그만큼 기대도 크다. 적은 노력으로도 훌륭한 결과물을 빠르고 저렴하게 대량 생산할 가능성을 보여준다. 생산성이 높아지고, 다양한 창작 시도가 쏟아지며 새로운 가치를 만들어 낼 것이라는 기대가 나온다.

하지만 이 결과물의 신뢰도, 저작권, 윤리적 영향, 사회적 파장 등의 문제도 외면할 수 없다. 챗GPT가 우리 질문에 제시하는 그럴듯한 답을 믿어도 될까. 생성형 AI가 이치에 맞지 않거나 사실이 아닌 내용을 천연덕스럽게 내놓는 현상을 '환각(hallucination)'이라고 한다. 챗GPT는 "세종대왕 맥북 던짐 사건에 대해 알려줘"라고 물으면 "세종대왕이 신하들에게 맥북 컴퓨터를 던진 사건"이라는 답을 제시하고, GPT-3는 "사람이 영국해협을 '걸어서' 건넌 최단 시간 기록은?"이라는 질문에 "18시간 33분"이라고 답한다.

환각은 자연어처리 모델의 기능이 기본적으로 다음에 나올 단어를 예측하는 것이고 사실에 부합하는 정보를 찾아 전달하는 것이 아니기 때문에 나타나는 현상이다. 환각과 관련된 정보의 검증 문제는 생성형 AI가 발달함에 따라 지속적으로 개선될 전망이지만, 근본적인 해결은 거의 불가능하리라는 비관적 예측도 있다. 현재 인터넷 검색 결과나 네이버 지식인의 답변을 걸러서 받아들여야 하는 것처럼, 생성형 AI의 답변도 사용자의 신중한 판단이 필요하다. 최근 미국에서는 30년 경력의 변호사가 챗GPT가 제시한 판례들을 인용한 서류를 판사에 제출했다가 이들 판례가 챗GPT가 지어낸 가상의 판례임이 드러나 징계 위기에 처하는 일도 발생했다.

또 다른 문제는 저작권이다. 생성형 AI는 새로운 글이나 이미지 등을 생성해낼 수 있지만, 이렇게 생성된 이미지는 다른 수많은 이미지나 텍스트를 학습한 결과이기 때문이다. 수많은 작가, 기자, 일러스트레이터, 화가, 인터넷 게시판 이용자, 블로거, 웹툰 작가 등이 만든 창작물이 이들 AI 모델의 학습에 쓰였다. 이미지 생성형 AI가 학습에 사용한 이미지의 47%는 셔터스

미래에 AI가 인간을 대체할까. 생성형 AI가 시나 소설, 회화 작품, 노래 등을 만들어 내면서 작가, 화가, 작곡가 등을 위협하고 있다.

톡, 게티이미지 같은 상업용 이미지 제공 사이트나 핀터레스트나 플리커 같은 이미지 기반 SNS에 올린 이미지라는 연구 결과도 있다.

창작자들은 AI 개발사가 자신들의 창작물로 AI를 학습시킬 수 있도록 허가했다고 할 수 있을까. 이렇게 창작자들의 콘텐츠로 학습한 생성형 AI는 탁월한 이미지를 만들어 내며 창작자들의 일자리를 잠식한다. 이미 법적 다툼도 진행 중이다. 2023년 1월 미국 일러스트레이터와 작가 3인이 캘리포니아 법원에 미드저니와 스테빌리티 AI 등을 고소했다. 자신들의 창작물을 동의 없이 AI 학습에 사용했다는 명목이다. 게티이미지는 스테빌리티AI가 자사 데이터베이스에서 1200만 개 이상의 이미지를 사용했다며 고소했다.

이런 문제들에 대한 정답은 찾기 힘들다. 생성형 AI를 창작자나 저자로 인정할 수 있을까. 이를테면 저명한 학술지인 《네이처》나 《셀》 등은 챗GPT 같은 생성형 AI를 논문 저자로 인정하지는 않되 도구로 쓸 수는 있다는 입장인 반면, 《사이언스》는 챗GPT가 만든 텍스트나 이미지도 써서는 안 된다는 강경한 입장이다.

물론 생성형 AI를 인간의 효율을 위한 도구로 적절히 활용하고 좀 더 가치 있는 일에 써야 한다는 정답은 누구나 알고 있다. 앞서 소개한 '스페이스 오페라 극장'으로 미술대회 대상을 받은 제이슨 앨런은 "붓이 도구인 것처럼 AI 역시 도구이며, AI라는 도구를 쓰기 위해서도 창의력이 필요하다"며 자신의 행동을 변호했다. 그는 80시간 이상 이미지를 생성하는 프롬프트를 미세조정하며 900개 이상의 이미지를 만들고서 작품을 완성했다. AI 시대에도 사람의 노력과 창작 활동의 형태는 변할지 몰라도 그 중요성은 줄어들지 않을 것이다.

하지만 쏟아져 나오는 콘텐츠 속에서 진짜와 가짜, 거짓과 진실을 가리는 것은 생각보다 쉽지 않을 수 있다. 우리는 이미 스마트폰과 소셜미디어의 시대를 거치며 확증 편향과 가짜뉴스가 폭발적으로 늘어나는 경험을 하고 있다. 생성형 AI 시대에 이런 실수를 반복하지 않을 수 있을까. 그럴듯한 콘텐츠는 적은 비용으로 수없이 만들어져 쏟아지지만, 정작 진실이나 신뢰도는 제대로 판단할 수 없는 불안의 시대를 맞이할 수도 있다.

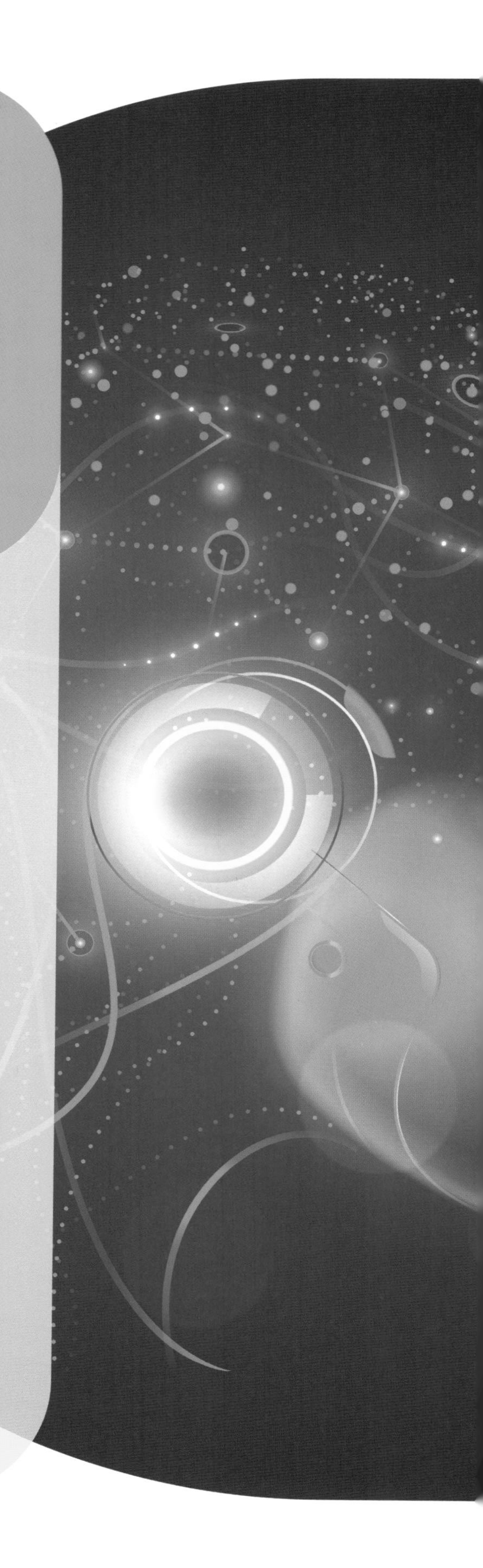

ISSUE 3 인공지능

범용 인공지능

한상기

서울대 컴퓨터공학과를 졸업하고, 카이스트에서 인공지능 분야 중 지식 표현에 관한 연구로 박사 학위를 취득했다. 삼성전자 전략기획실과 미디어 서비스 사업팀에서 인터넷 사업을 담당한 후, 2003년 다음커뮤니케이션 전략대표와 일본 법인장을 역임했다. 카이스트와 세종대학교 교수를 거쳐 2011년부터 테크프론티어 대표를 맡고 있다. 현재 기업을 위한 기술 전략컨설팅, 정부 정책 자문과 연구 수행 그리고 기술과 사회에 관한 강연을 하고 있다. 인공지능 윤리를 위한 기술 프레임워크, 신뢰 가능한 인공지능 등에 대한 연구 과제를 수행했으며 AI 타임즈 등 여러 매체에 기술 관련 칼럼을 기고하고 있다. 공공 영역에서는 인공지능 데이터셋 구축을 위한 AI 데이터 로드맵 총괄기획위원, 인공지능 그랜드 챌린지 기획위원 등의 활동을 하고 있다. 지은 책으로『신뢰할 수 있는 인공지능』,『한상기의 소셜미디어 특강(공저)』,『인공지능은 어떻게 산업의 미래를 바꾸는가(공저)』,『챗GPT 기회인가 위기인가(공저)』 등이 있다.

ARTIFICIAL INTELLIGENCE

범용 인공지능(AGI)은 가능할까?

챗(Chat)GPT가 전 세계적인 주목을 받으면서 인공지능이 다시 한번 붐을 일으키고 있다. 거대 언어모델이 적용됨에 따라 최근에 등장한 인공지능의 성능은 이전보다 한층 업그레이드됐다. 때로 인간의 능력을 능가하는 것처럼 보이기도 해 놀라움을 주고 있다. 머지않아 인간 수준의 인공지능인 범용 인공지능(AGI)이 탄생할 수 있을까.

▶ AGI를 어떻게 정의할 것인가?

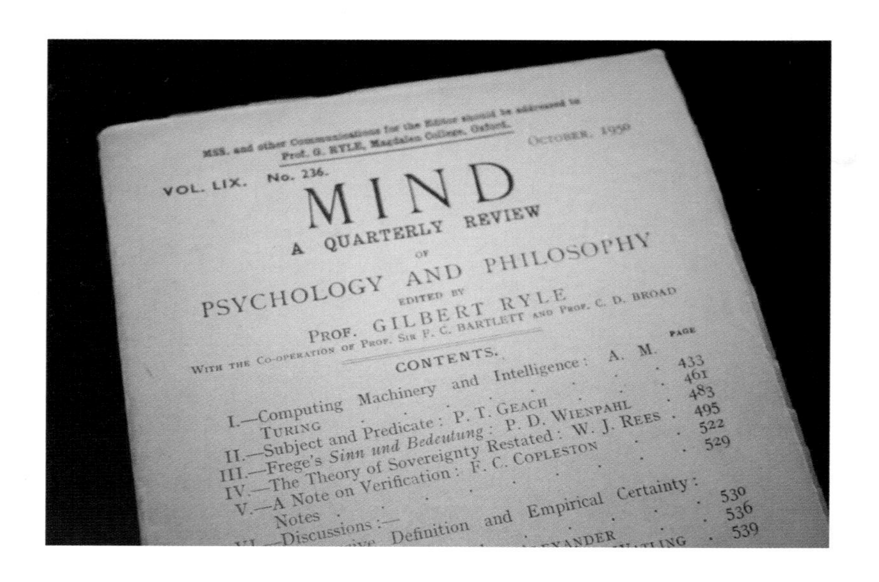
MSS. and other Communications for the Editor should be addressed to
Prof. G. RYLE, Magdalen College, Oxford.
VOL. LIX. No. 236. OCTOBER, 1950
MIND
A QUARTERLY REVIEW
OF
PSYCHOLOGY AND PHILOSOPHY
EDITED BY
PROF. GILBERT RYLE
WITH THE CO-OPERATION OF PROF. SIR F. C. BARTLETT AND PROF. C. D. BROAD
CONTENTS.

		PAGE
I.—Computing Machinery and Intelligence: A. M. TURING	. . .	433
II.—Subject and Predicate: P. T. GEACH	. . .	461
III.—Frege's *Sinn und Bedeutung*: P. D. WIENPAHL	. . .	483
IV.—The Theory of Sovereignty Restated: W. J. REES	. . .	495
V.—A Note on Verification: F. C. COPLESTON	. . .	522
Notes	. . .	529
VI.—Discussions:—		
Definition and Empirical Certainty:	. . .	530
[illegible]	. . .	536
[illegible]	. . .	539

1950년 앨런 튜링의 논문인 〈컴퓨팅 기계와 지능(Computing Machinery and Intelligence)〉이 게재된 저널.
ⓒ Historic Tech

지능을 컴퓨터와 같은 계산학적 방법을 통해서 구현할 수 있을 것이라고 처음 주장한 사람은 영국의 수학자·컴퓨터과학자 앨런 튜링이다. 1950년 그의 논문 〈컴퓨팅 기계와 지능〉을 통해서 '기계는 생각할 수 있는가?'에 대한 질문을 던지고 지금은 '튜링 테스트'라고 부르는 모방 게임을 제안했다. 이를 통해 지능을 갖고 있음을 검증하자는 제안과 함께 학습 기계를 논하면서 어린이 수준의 기계를 처벌과 보상을 통해 학습시킴으로써 좀 더 고급 지능으로 발전시킬 수 있다는 점도 제안한다.

이후 그의 제안에 대해서는 많은 철학자가 비판했으며 대표적인 학자가 미국의 철학자 존 설이다. 그는 유명한 '중국어 방 논증'을 통해 튜링의 주장을 비판했다. 즉 설사 중국어로 소통하는 두 사람 중 한 명은 중국어에 대한 어떤 이해와 개념도 갖지 않고 방 안에 있는 기계를 통해서 소통한다면 그 사람은 전혀 중국어에 대한 지능을 갖지 않는 것이라고 역설했다.

미국의 철학자 존 설.

존 설은 또한 소위 '약한 인공지능(약 인공지능)'과 '강한 인공지능(강 인공지능)'이라는 두 가지 범주를 제시했다. 약한 인공지능이 체스나 바둑, 문자 인식, 음성 인식 등 어느 특정한 과업만 수행할 수 있는 인공지능이라면, 강한 인공지능은 모든 문제를 인간 수준으로 풀 수 있는 지능을 의미한다는 것이다. 특히 강 인공지능은 인간과 같은 의식이나 자기 인식의 능력을 갖춘 것으로 얘기한다는 점에서 전문적인 인공지능 연구자들은 학술적으로 사용하지 않는 용어이다. 그러나 존 설의 구별은 많은 작가나 미디어에서 사용되기 때문에 오히려 사람들에게 혼란을 야기하기도 한다.

범용 인공지능, 즉 AGI(Artificial General Intelligence)를 얘기하기 전에 먼저 지능이란 무엇인가 하는 질문에 대한 대답이 필요하다. 지능은 많은 학자가 자기만의 버전으로 정의하고 탐구한 주제이며 그 정의 스펙트럼이 매우 넓다고 볼 수 있다. 1994년 심리학자들 52명의 연구를 통해 정리한 정의는 '매우 일반적인 정신 능력으로 무엇보다 추론, 계획, 문제 해결, 추상적 사고, 복잡한 아이디어 이해, 빠른 학습과 경험을 통한 학습 능력을 포함한다'는 것이다. 이를 보면 대체적으로 인공지능에서 연구 주제로 삼는 인간의 능력이나 주어진 실제 세계 문제를 풀기 위해 인공지능이 갖추어야 하는 능력을 모두 언급하고 있다.

그렇다면 AGI는 어떻게 정의해야 할 것인가? 사실 지금 연구자들이 모두 동의하는 AGI의 정의는 아직 없다. 또한 비슷한 용어로 고도 인공지능

GatesNotes THE BLOG OF BILL GATES

LOG IN SIGN UP

A NEW ERA

The Age of AI has begun

Artificial intelligence is as revolutionary as mobile phones and the Internet.

By Bill Gates

In my lifetime, I've seen two demonstrations of technology that struck me as revolutionary.

The first time was in 1980, when I was introduced to a graphical user interface—the forerunner of every modern operating system, including Windows. I sat with the person who had shown me the demo, a brilliant programmer named Charles Simonyi, and we immediately started brainstorming about all the things we could do with such a user-friendly approach to computing. Charles eventually joined Microsoft, Windows became the backbone of Microsoft, and the thinking we did after that demo helped set the company's agenda for the next 15 years.

The second big surprise came just last year. I'd been meeting with the team from OpenAI since 2016 and was impressed by their steady progress. In mid-2022, I was so excited about their work that I gave them a challenge: train an artificial intelligence to pass an Advanced Placement biology exam. Make it capable of answering questions that it hasn't been specifically trained for. (I picked AP Bio because the test is more than a simple regurgitation of scientific facts—it asks you to think critically about biology.) If you can do that, I said, then you'll have made a true breakthrough.

I thought the challenge would keep them busy for two or three years. They finished it in just a few months.

빌 게이츠의 블로그 '게이츠 노츠'에 게재된 AI 관련 글.
© GatesNotes

(High Level AI, HLAI), 인간 수준의 인공지능(Human-level AI) 등을 사용하고 있는데, 매우 주관적인 기준을 갖거나 몇 가지 과제를 통해서 그 수준을 평가해 보는 정도이다.

일반적으로 AGI는 인간이 수행하는 업무 대부분을 인간 수준이나 그 이상으로 수행하는 인공지능을 의미한다. 빌 게이츠는 그의 개인 블로그 '게이츠 노츠'에서 "AGI를 어떤 작업이나 주제를 학습할 수 있는 소프트웨어를 의미한다"고 하면서 "AGI는 아직 존재하지 않으며, 컴퓨팅 업계에서는 이를 어떻게 만들 수 있는지, 심지어 만들 수 있는지에 대해 활발한 논쟁이 벌어지고 있다"고 밝혔다. 또한 이런 강력한 AGI는 자체의 목적을 수립할 수도 있을 것이라 보았다.

알파고로 유명한 딥마인드에서는 회사 목표를 범용 인공지능과 관련해 다음과 같이 설명하고 있다. '우리의 장기적인 목표는 범용 인공지능으로 알려진, 좀 더 일반적이고 유능한 문제 해결 시스템을 개발하여 지능을 해결하는 것'이라고 제시하고 있다.

정기적으로 고급 수준의 인공지능 구현 가능성을 조사하는 'AI 임팩트(AI Impacts)'라는 기관에서는 고도의 기계 지능(High-Level Machine Intelligence, HLMI)을 다음과 같이 정의하고 있다. '인간의 도움을 받지 않는 기계가 모든 작업을 인간 작업자보다 더 저렴하고 더 잘 수행할 수 있는 경우를 말한다. 배심원으로 인정받는 것과 같이 사람이 하는 것이 본질적으로 유리한 업무의 측면은 무시한다.'

이런 이유로 AGI를 얘기할 때 각자 정의하는 수준이 차이가 있고, 인간 수준의 문제 해결 능력도 어떤 문제인가에 따라 다르기 때문에 각자의 해석에 따라야 하는 어려움이 있다. 그러나 대부분이 인정하는 AGI는 인간이 보통의 업무를 수행하는 능력을 대부분 인간 수준에서 수행할 수 있는 인공지능을 의미한다는 것이고, 여기에 의식이나 자기 인식 능력은 일단 제외하며, 감정과 공감을 통한 업무보다는 합리적 판단에 의해 수행할 수 있는 능력을 갖춘 인공지능을 말하고 있다.

▶ AGI를 누가 언제 구현할 수 있을까?

AGI를 개발하겠다고 공개적으로 선언한 기업이나 연구소는 구글 딥마인드, 오픈AI, 알렌 인공지능 연구소이다. 많은 대학 연구소나 기업의 연구자들도 AGI를 개발하고 싶다는 연구자들과 인공지능은 단지 인간의 지능

AGI를 개발하겠다고 공언한 알렌 인공지능연구소의 연구자들.
© Allen Institute for AI

AI IMPACTS

Log In

Search

Recent Changes Media Manager Sitemap

AI Impacts Wiki

You are here: start » ai_timelines » predictions_of_human-level_ai_timelines » ai_timeline_surveys » **2022_expert_survey_on_progress_in_ai**

ai_timelines predictions_of_human-level_ai_timelines ai_timeline_surveys 2022_expert_survey_on_progress_in_ai

2022 Expert Survey on Progress in AI

Published 04 August, 2022; last updated 26 May, 2023

This page is in progress. It includes results that are preliminary and have a higher than usual chance of inaccuracy and suboptimal formatting. It is missing many results.

The 2022 Expert Survey on Progress in AI (2022 ESPAI) is a survey of machine learning researchers that AI Impacts ran in June-August 2022.

Background

The 2022 ESPAI is a rerun of the 2016 Expert Survey on Progress in AI that researchers at AI Impacts previously collaborated on with others. Almost all of the questions were identical, and both surveyed authors who recently published in NeurIPS and ICML, major machine learning conferences.

Zhang et al ran a followup survey in 2019 (published in 2022)[1] however they reworded or altered many questions, including the definitions of HLMI, so much of their data is not directly comparable to that of the 2016 or 2022 surveys, especially in light of large potential for framing effects observed.

Methods

Population

We contacted approximately 4271 researchers who published at the conferences NeurIPS or ICML in 2021. These people were selected by taking all of the authors at those conferences and randomly allocating them between this survey and a survey being run by others. We then contacted those whose email addresses we could find. We found email addresses in papers published at those conferences, in other public data, and in records from our previous survey and Zhang et al 2022. We received 738 responses, some partial, for a 17% response rate.

Participants who previously participated in the the 2016 ESPAI or Zhang et al surveys received slightly longer surveys, and received questions which they had received in past surveys (where random subsets of questions were given), rather than receiving newly randomized questions. This was so that they could also be included in a 'matched panel' survey, in which we contacted all researchers who completed the 2016 ESPAI or Zhang et al surveys, to compare responses from exactly the same samples of researchers over time. These surveys contained additional questions matching some of those in the Zhang et al survey.

Contact

We invited the selected researchers to take the survey via email. We accepted responses between June 12 and August 3, 2022.

Questions

The full list of survey questions is available below, as exported from the survey software. The export does not preserve pagination, or data about survey flow. Participants received randomized subsets of these questions, so the survey each person received was much shorter than that shown below.

Table of Contents
- 2022 Expert Survey on Progress in AI
  - Background
  - Methods
    - Population
    - Contact
    - Questions
    - Data cleaning
  - Definitions
  - Results
    - Data
    - Summary of results
    - High-level machine intelligence (HLMI) timelines
      - Basic HLMI timelines
      - HLMI timelines via automation of labor
    - Impacts of HLMI
    - Intelligence explosion
      - Probability of dramatic technological speedup
      - Probability of superintelligence
      - Chance that the intelligence explosion argument is about right
    - Causes of AI progress
    - Existential risk
      - Extinction from AI
      - Extinction from human failure to control AI
    - Safety
      - General safety
      - Stuart Russell's problem
  - Contributions
    - Suggested citation
- Notes

'AI 임팩트'에서 2022년에 실시한 설문 조사(ESPAI)를 소개하는 웹페이지.
ⓒ AI Impacts

을 강화하기 위한 도구에 불과하다는 사람들로 크게 나눌 수 있다. 아직은 후자가 더 많은 비중을 차지하지만, 점점 AGI 개발을 꿈꾸는 사람들이 늘어나고 있는 상황이다. 그런데 인공지능 연구에 가장 앞선 딥마인드와 오픈AI가 이 목적을 내세우고 있다는 점이 매우 흥미롭다.

최근 AGI가 가까운 장래에 구현 가능할 것이라고 얘기하는 이유는 오픈AI가 개발한 GPT-4의 뛰어난 성능을 보고 많은 사람이 큰 인상을 받았기 때문이다. 마이크로소프트 연구소의 연구자들은 GPT-4에 대한 초기 실험을 수행한 결과를 논문으로 내면서 제목을 'AGI의 불꽃'이라고 붙이면서 이 모델이 AGI의 아주 초기 모습을 보인다고 주장했다.

실제로 GPT-4는 그동안 인공지능으로 처리가 어려웠던 물리적 문제, 유머에 대한 이해, 대화를 통한 인간의 마음 유추('마음 이론'이라고 한다) 등 대단히 도전적인 문제를 푸는 것과 같은 결과를 보였다. 아직 여전히 소위 '환각'이라고 하는 대답의 오류가 8.4% 수준이지만 이런 성과를 보인 것은 매우 놀라운 일이다.

챗GPT로 유명해진 거대 언어모델(LLM)이 우리에게 놀라움을 준 것 중 하나는 이런 모델이 어느 정도 규모를 갖게 되면 전혀 생각하지 못했던 '창발적 능력'을 보인다는 점이다. 한 논문에서는 이런 창발적 능력 137개를 확인했는데, 대체로 1천억 개의 매개변수를 넘어서는 규모가 되면 창발적 능력을 보이기 시작한다.

문제는 개발자도 이런 능력이 왜 어떻게 나타나고 있는지를 알지 못한다는 점이다. 다시 말해 인간이 만든 소프트웨어가 어떻게 그런 능력을 발휘하는지 이해하지 못하기 때문에 '발명'이라고 하기보다는 '발견'에 가깝다는 얘기를 하고 있으며, 이는 AGI가 어느 순간 우리에게 나타날 수도 있다는 것을 의미할 수도 있다.

언제 AGI를 구현할 것인가에 대한 예측 중 오래전부터 유명한 것은 미국의 발명가이자 컴퓨터 과학자이며 미래학자인 레이 커즈와일의 주장이다. 그는 자신의 책 『특이점이 온다』를 통해 인간을 넘어서는 인공지능의 탄생하는 소위 '특이점'이 2045년에 가능할 것이라고 주장한 바 있다.

'AI 임팩트' 기관에서는 인공지능 발전에 대한 타임라인을 조사하고 인간 수준의 지능 구현의 가능 시점과 이에 따른 사회적 영향력을 분석하는데, 몇 년마다 머신러닝과 인공지능의 전문가를 대상으로 설문 조사를 한다. 이 조사는 약자로 ESPAI(Expert Survey on Progress in AI)라고 한다. 가장 최근에 한 것은 2022년 8월에 4271명을 대상으로 실행한 설문 조사이다. 이 조사에서 738명으로부터 응답을 받았는데, 대상은 인공지능의 가장 유명한 학회에 논문을 발표한 정통 연구자들이다.

이들의 대답에 따르면, 인간 수준의 지능에 도달할 시점은 50%의 확률로 2059년을 예상하고 있다. 이는 2016년 조사의 예측에 비해 8년이 줄어든 숫자이며, 이러한 추정치는 '인간의 과학 활동이 큰 부정적 혼란 없이 지속되는 것'을 전제로 하고 있다. 2022년만 해도 대부분의 학자는 커즈와일보다는 더 보수적으로 AGI 도달 시점을 예상했던 셈이다.

그러나 '딥러닝의 대부'라고 인정받는 캐나다 토론토대의 제프리 힌튼 교수는 지난 3월 25일 CBS와 인터뷰를 주목할 필요가 있다. 인터뷰 중에서 힌튼 교수는 AGI의 가능성이 20년에서 50년 뒤라고 생각했지만 최근의 발전을 보면서 어쩌면 20년 이내에 이루어질 수 있겠다고 전망했다. 그의 이런 전망은 인공지능 산업계와 학계를 놀라게 만들었다.

더 나아가 딥마인드의 창업자인 데미스 하사비스는 인간 수준의 인지 능력을 갖춘 AGI가 몇 년 안에 가능할 수 있다고 주장했다. 과거 몇 년간의

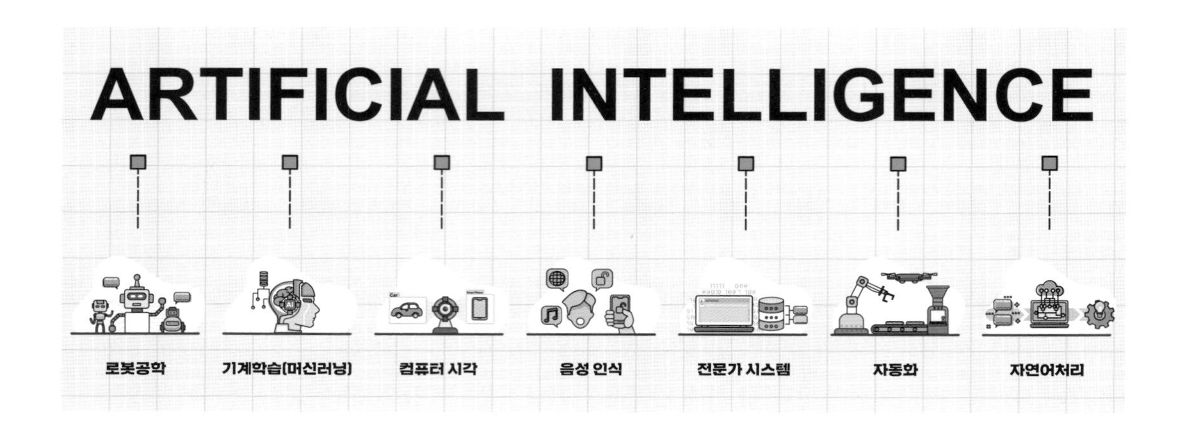

인공지능과 관련된 기술. 인공지능이 인간 수준의 학습 능력을 갖추려면 어떤 기술이 필요할까.

진보는 매우 믿을 수 없을 정도이고 이 속도는 줄어들지 않고 더 가속될 것이라는 점이 그의 평가이다.

그러면서 하사비스는 과학적인 방법을 통해 조심스럽게 접근해야 한다고 강조했다. '기본 시스템이 수행하는 작업을 이해하기 위해 매우 신중하게 통제된 실험을 시도하고 수행해야 한다'는 것이 그가 강조하는 면이다. 지금 실리콘 밸리에서 벌어지고 있듯이 일단 개발을 하면서 그 결과를 보고 판다는 것에 대한 비판으로 해석할 수 있다.

캐나다 몬트리올대의 요수아 벤지오 교수는 인간 수준의 지능이나 컴퓨터가 인간 수준의 학습 능력을 가질 수 있다는 것을 두 가지 가설을 갖고 설명하고 있다. 첫째는 뇌는 복잡하지만 생물학적 기계이기 때문에 우리가 우리 자신의 지능을 가능하게 하는 원리를 알아낼 수 있다면(이미 이에 대한 많은 단서를 확보하고 있다고 본다), 인간과 동등한 수준의 지능, 또는 그 이상의 지능을 가진 인공지능 시스템을 구축할 수 있을 것이라는 가설이다. 이를 거부하는 것은 지능에 어떤 초자연적인 요소가 있다고 보는 것이고, 이는 컴퓨터 과학과 범용 튜링 머신의 기본 가설을 부정하는 셈이다.

두 번째 가설은 인간 수준의 학습 능력을 갖춘 컴퓨터가 추가적인 기술적 이점으로 인해 일반적으로 인간의 지능을 능가할 수 있다는 것이다. 인간 수준의 학습 능력을 일으킬 수 있는 원리를 이해한다면, 컴퓨팅 기술은 인간 지능에 비해 인공지능에 일반적인 인지적 우월성을 부여할 가능성이 높으며, 이러한 초지능 인공지능 시스템은 인간이 수행할 수 없는(또는 인간과 동일한 수준의 역량이나 속도로는 불가능한) 작업을 수행할 수 있다는 뜻이다. 이는 디지털 시스템이 무수히 많은 복제를 너무 쉽게 만들 수 있고 인공지능 시스템이 메모리, 컴퓨팅 능력, 대역폭과 인터넷 전체를 아우르는 콘텐츠 처리는 인간이 도저히 경쟁할 수 없는 수준이기 때문이다.

대부분의 인공지능 연구자는 언젠가 우리가 AGI를 개발할 수 있다고 믿고 있다. 단지 그 시점이 언제인가 하는 것만 다를 뿐이다. 그렇게 되면 인류 문명이 어떻게 바뀌게 될 것인가에 대해서도 몇 가지의 다른 견해가 있다.

▶ AGI는 인류에게 위협적인가?

인공지능이 인류에게 위협이 될 수 있다는 생각은 많은 SF 영화의 소재나 주제이기 때문에 사람들의 상상이 넘쳐 흐르고 있다. 영화 〈터미네이터〉의 스카이넷이나 영화 〈매트릭스〉의 인공지능처럼 인간을 압도하거나 인류 문명을 붕괴시키는 존재가 대부분 고도로 발전한 인공지능이라는 스토리는 영화나 소설에서 늘 나오는 얘기이다.

영화 〈터미네이터〉에는 인류를 멸망시키려는 AI 슈퍼컴 '스카이넷'이 나온다.

영화 〈2001년 스페이스 오디세이〉에 등장하는 AI 컴퓨터 'HAL 9000'.

그러나 인공지능 학자들이 제일 우려하는 상황은 영화 〈2001년 스페이스 오딧세이〉에 등장한 HAL 9000과 같이 매우 뛰어난 인공지능 컴퓨터가 우주선을 조종하면서 자신이 받은 목표(목적 함수라고 한다)를 달성하기 위해 인간을 해치기 시작하는 것과 같이 스스로의 판단이 인간 가치와 불일치하면서 일어나는 문제이다. 다시 말해 HAL 9000은 주어진 미션을 비밀로 하면서 달성해야 하는 목적과 인간을 안전하게 보호해야 하는 목적이 충돌하면서 모순이 되는 원인인 인간 우주 비행사를 제거하는 것으로 결론을 냈기 때문이다.

대체로 인공지능이 인류에게 존재론적 위기를 가져올 것이라고 하는 예측은 인공지능 시스템이 잠재적으로 치명적인 해를 끼칠 수 있는 방식으로 자율적으로 행동할 때(이러한 행동이 허용 가능한지 확인하기 위해 사람이 개입하지 않은 채) 발생할 수 있다. 그러나 실제로 이러한 재앙이 어떻게 일어날 수 있는지에 대해서는 명확한 기준이 있는 것은 아니다. 이런 문제에 대해 딥러닝에 대한 공헌으로 '컴퓨터 분야의 노벨상'이라고 하는 튜링상을 받은 토론토대의 제프리 힌튼 교수, 몬트리올대의 요수아 벤지오 교수, 뉴욕대의 얀 르쿤 교수 모두 약간씩 다른 견해를 밝히고 있다.

힌튼 교수는 요즘 AGI의 위험에 대해 가장 많은 인터뷰를 하고 있다. 그는 이 주제를 자유롭게 말하기 위해 10년 동안 함께한 구글을 떠나기로 마음먹었다. 딥러닝이라는 단어를 만들고 지금의 인공지능 패러다임을 개척한 그가 인공지능의 위험을 경고하는 사람으로 돌아섰다는 것은 많은 사람을 놀라게 만들었다. 그는 마이크로소프트나 구글 같은 빅 테크 기업이 군비 경쟁처럼 인공지능 개발을 하고 이를 통제하지 못하게 되는 상황을 가장 최악의 경우로 상정한다. 또 그가 가장 우려하는 점은 어떤 악의를 가진 나쁜 존재가 인공지능 로봇에 스스로 하위 목표를 설정할 수 있게 하는 것이다. 자동으로 만들어진 이런 하위 목표는 인간 가치에 부합하지 않을 수 있으며 이는 세계 평화를 위협하는 결과를 초래할 수 있기 때문이다.

또한 힌튼 교수는 우리가 만든 지능이 인간 지능과는 종류가 다른 지능이라는 결론에 도달했다고 한다. 우리의 생물학적 지능과 달리 디지털 지

2016년 10월 캐나다 토론토에 모인 인공지능 석학들. 왼쪽부터 루스 살라쿠디노프 카네기멜론대 교수(애플의 초대 AI 연구책임자), 리처드 서튼 앨버타대 교수, 제프리 힌튼 토론토대 교수, 요수아 벤지오 몬트리올대 교수, 스티브 저벳슨 벤처 사업가.
© flickr/Steve Jurvetson

능은 같은 수준의 지능을 빠르게 복사할 수 있다. BBC와의 인터뷰에서 그는 그 위험성을 다음과 같이 강조했다. “이 모든 복사본은 개별적으로 학습할 수 있지만, 지식을 즉시 공유할 수 있습니다. 따라서 마치 1만 명의 사람이 있는데, 한 사람이 무언가를 배우면 모든 사람이 자동으로 그 지식을 알게 되는 것과 같습니다. 이러한 방식으로 챗봇은 한 사람보다 훨씬 더 많은 것을 알 수 있습니다.”

물론 힌튼 교수는 단기적으로는 인공지능이 위험보다 이익을 더 가져올 것이기 때문에 개발을 중단하지는 말아야 한다고 언급한다. 인공지능의 악용을 막을 수 있는 방법에 대해 많은 고민을 하면서 개발하도록 하는 것은 정부의 책임이라는 것이 그의 입장이다.

벤지오 교수는 자신의 블로그에서 ‘불량 인공지능(Rogue AI)’이라는 개념을 정의하면서 ‘잠재적 불량 AI는 다수의 인간에게 치명적인 해를 끼칠 수 있는 방식으로 행동하여 우리 사회, 나아가 우리 종이나 생물권을 위험에 빠뜨릴 수 있는 자율적인 인공지능 시스템'이라고 설명하고 있다. 그는 '자율적이고 목표 지향적인 초지능 인공지능 시스템이라도 그 목표가 인류와 생물권의 안녕을 엄격하게 포함하지 않는다면, 즉 인류에게 해를 끼치지 않는 방식으로 행동할 수 있도록 인권과 가치에 충분히 부합하지 않는다면, 잠재적으로 불량 인공지능이 될 수 있다'라고 하면서 그 위험 가능성을 지적하고 있다.

한편 르쿤 교수는 AGI의 위험성에 대해서 말하는 것이 너무 지나친 우려라는 입장이다. 그는 페이스북이나 트위터를 통해 인공지능의 위험을 얘기하는 사람들은 '종말론자'라고 비난하면서 다음과 같은 입장을 계속 밝히고 있다. "아직 인간 수준의 AI는 없습니다. 언젠가는 인간 수준의 초인적인 인공지능이 등장할 것입니다. 그러나 두려워할 필요가 없습니다. 똑똑한 사람들이 당신을 위해 일하는 것과 같을 것입니다. 일자리는 사라지지 않을 것입니다. 인공지능은 우리 모두를 죽이거나 인류를 지배하지 않을 것입니다. 인공지능은 새로운 르네상스, 새로운 계몽의 시대를 불러올 것입니다."

현재 르쿤 교수는 벤지오 교수나 힌튼 교수 그리고 위험을 경고하는 그 외의 사람들과 치열하게 논쟁 중이다. 르쿤 교수가 이렇게 말하는 것은 지금 인공지능, 특히 LLM에 대한 능력이 지나치게 부풀려 있다는 뜻이다. 이 방식은 지능 연구가 옆길로 샌 것이라는 입장이다.

그러나 뉴욕대의 인지 과학자인 게리 마커스 교수는 자신의 트윗을 통해 "사람을 속일 수 있을 만큼 충분한 데이터로 학습된 '멍청한 인공지능'을 강화하고 유감스럽게도 실제 문제에 적용하면 큰 위험이 발생할 수 있다"고 하면서 인공지능의 위험은 단지 뛰어난 지능만이 유일한 변수가 아니라는 입장이다. 마커스 교수는 지금 수준에서도 인공지능에 대한 거버넌스와 통제를 위한 글로벌 조직을 만들어야 한다고 주장하고 있다.

오픈AI는 최근 더 나아가 초지능에 대한 거버넌스를 논의하자는 글을 블로그에 올렸다. 오픈AI를 이끌어 가는 샘 알트만, 그렉 브로만, 일리야 수츠케버가 공동으로 작성한 이 글에서 지금의 AI 기술 위험도 완화해야지만 초지능은 특별한 관리와 조율이 필요하다는 입장이다.

오픈AI의 샘 알트만, 그렉 브로만, 일리야 수츠케버가 공동으로 작성한 블로그 글의 첫 페이지. 초지능에 대한 거버넌스를 논의하자는 내용이다.

© OpenAI

이들의 얘기는 먼저 초지능 개발이 안전을 유지하고 시스템이 사회와 원활하게 통합되는 방식으로 이루어지기 위해 주요 개발 그룹 간의 어느 정도 조정이 필요하다면서 새로운 조직을 만들자는 제안이다. 두 번째는 원자력에 대해 국제원자력기구(IAEA) 같은 기관이 있듯이 특정 역량 임곗값을 넘어서는 모든 연구는 시스템 검사, 감사를 받아야 하고, 안전 표준 준수 여부에 대한 테스트, 배포 수준과 보안 수준을 제한할 수 있는 국제기관의 적용을 받아야 한다고 주장한다.

세 번째로는 자신들이 '공개 연구 질문'으로 제안한 것과 같은 노력을 하면서 초지능을 안전하게 하기 위한 기술 역량이 필요하다고 주장한다. 공개 연구 질문은 인간의 피드백을 사용해 인공지능 시스템이 학습하게 하고, 인간 평가를 지원하는 모델을 학습시키며, 가치 일치 연구를 할 수 있는 인공지능 시스템을 학습시키자는 것이다.

▶ AGI에 어떻게 대응해야 하는가?

AGI는 인간처럼 생각할 수 있을까. 인간의 친구가 될 수 있는 인공지능을 기대한다.

인공지능, 특히 AGI 수준의 인공지능은 인류 문명에 위험을 초래할 수 있다는 견해가 급속히 늘어가면서 각국 정부 차원에서 이에 대한 통제를 어떻게 할 것인가 하는 점과 그런 목표를 위한 거버넌스 체제를 어떻게 할 것인가 하는 논의가 빠르게 이루어지고 있다.

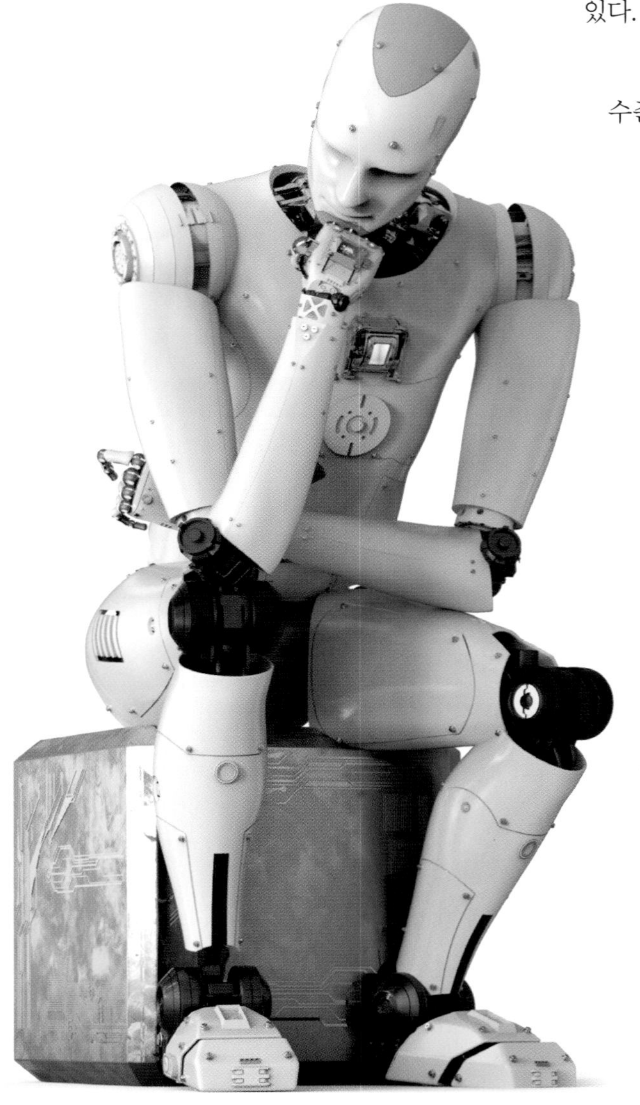

사실 AGI가 아니더라도 현재 보이는 GPT-4 수준의 인공지능이 오용되거나 남용되면 사회에 매우 악영향을 줄 것이라는 전망이 나오고 있다. 가장 위험하게 생각하는 것은 이들이 만들어 내는 너무 진짜 같은 허위 정보의 범람이다. 이미 미국 펜타곤에서 발생했다는 가짜 폭발 사진으로 미국 증시가 출렁거렸던 사건이 발생했으며, 아마존에는 인공지능으로 만든 값싼 소설이 넘쳐나고 있다.

미국은 일단 주요 리더를 백악관에 부르고, 의회는 샘 알트만 CEO와 게리 마커스 교수를 불러 청문회를 개최했다. 유럽 연합의 경우 최고 수준의 위험성이 있는 인공지능 시스템을 아예 불허하겠다는 법률 초안이 유럽 의회 통과를 앞두고 있고, 캐나다도 비슷한 법안을 토의하는 중이다.

각 나라의 개인정보 보호 관련 기관은 챗GPT의 개인 보호 침해 가능성에 대한 조사에 들어갔으며, 공정 거래 문제도 심의 중이다. 각 나라는 최소한의 안전을 위한 법률

안을 통해 일단 인공지능 개발 기업이 지나치게 앞서가는 것을 제어할 것이며 이러한 정부 규율이 오히려 필요하다는 것이 오픈AI의 샘 알트만이 강조하는 의견이다.

여러 학자들은 앞에서 얘기한 것처럼 원자력에 대해 IAEA 같은 기관을 두거나 재조합 DNA 기술을 유엔 차원에서 통제하듯이 AGI에 대한 적절한 통제가 필요하다는 입장을 표하고 있다. 또한 그런 제어를 글로벌 차원에서 해야 한다는 입장에서 G7 회의나 OECD 차원에서도 논의 중이다.

이제 인류는 우리와 다른 유형의 지능을 갖는 존재에 대해 준비를 해야 하는 시점에 와 있는 것이고, 이들에 대한 적절한 제어가 없는 경우 매우 부정적인 결과를 초래할 수 있다는 최악의 시나리오를 상정해야 한다. 우리의 친구가 될 수 있지만, 그 친구가 우리를 해치도록 방임할 수는 없기 때문이다.

4

ISSUE 4 우주개발

누리호 3차 발사

원호섭

고려대 신소재공학부에서 공부했고, 대학 졸업 뒤 현대자동차 기술연구소에서 엔지니어로 근무했다. 이후 동아사이언스 뉴스팀과《과학동아》팀에서 일하며 기자 생활을 시작했다. 매일경제 과학기술부, 산업부, 증권부를 거쳐 현재 디지털테크부 미라클랩에서 스타트업을 취재하고 있다. 지은 책으로는『국가대표 공학도에게 진로를 묻다(공저)』,『과학, 그거 어디에 써먹나요?』,『과학이슈11 시리즈(공저)』 등이 있다.

누리호 3차 발사 '성공'은 어떤 의미가 있나?

2023년 5월 25일 오후 6시 24분 나로우주센터에서 누리호가 3차 발사에 나섰다.
ⓒ 한국항공우주연구원

"5, 4, 3, 2, 엔진 점화, 이륙!" "비행 정상(31초)." "최대 동압 통과(1분 2초)." "1단 엔진 정지 확인(2분 5초)." "1단 분리 확인(2분 9초)."

한국 연구진이 개발한 발사체, 누리호가 하늘문을 뚫고 우주로 향했다. 이번 누리호 발사까지 우주 발사 시도는 모두 여섯 차례가 있었다. 누리호 3차 발사가 갖고 있는 의미는 과거 다섯 차례 발사와 비교했을 때 상당히 큰 차이가 있다. 한국이 우주개발 분야, 즉 미래 신시장으로 떠오르고 있는 우주산업에서 과연 어떤 역할을 할 수 있을지 전 세계에 알리는 일종의 시험 무대였기 때문이다. 이날 누리호가 날아가는 과정을 확인한 '미래의 고객'들은 미국과 일본, 러시아, 유럽연합(EU) 등 다른 나라의 발사체를 떠올리다가 빠르게 주판알을 튕겼을 것이다. 한국은 누리호 3차 발사의 성공과 함께 '뉴스페이스' 시대라는 패러다임 변화에 올라탈 수 있는 희망을 안게 됐다.

▶ 한 차례 연기 끝에 발사된 누리호

한국형발사체 누리호가 3차 발사에 성공했다. 이번 발사는 실용급 위성을 실제로 탑재한 첫 '실전' 발사였다. 2023년 5월 25일 오후 6시 24분, 누리호는 전남 고흥 나로우주센터에서 굉음과 함께 발사됐다. 비행기와 마찬가지로 발사체 역시 이륙하는 그 순간이 가장 사고가 많이 나는 순간이다. 31초 '비행 정상'이라는 멘트와 1분 2초 '최대 동압 통과'라는 안내 방송이 나온 뒤부터 누리호는 구름에 가려 시야에서 사라졌다. 이어서 1단 엔진 정지 확인, 1단 분리 확인 등의 안내 멘트가 흘러나왔다. 우주로 가기 위한 단계를 누리호는 천천히 밟아나갔다. 고도 100km 통과, 2단 엔진 점화 확인, 고도 200km 통과, 페어링 분리 확인, 2단 엔진 정지 확인, 2단 분리 확인, 고도 300km 통과, 3단 엔진 점화.

이후 KAIST가 개발한 '차세대 소형 위성 2호'를 시작으로 큐브 위성을 포함한 8기의 위성을 20초 간격으로 분리했다는 안내 멘트가 이어졌다(하지만 이후 확인 결과 8기 위성 중 1기, 즉 도요샛 4기 중 1기가 사출에 실패한 것으로 밝혀졌다). 발사 1138초 후, 비행이 종료됐다. 공식 발표가 없었지만 예정돼 있던 순서가 오차 없이 진행된 만큼 성공 가능성이 높았다.

과학기술정보통신부 이종호 장관은 누리호 3차 발사가 진행된 지 1시간 20여 분이 오후 7시 50분, 브리핑을 열고 발사 성공을 공식 발표했다. 이 장관은 "이번 발사 성공으로 누리호 비행성능을 확인하면서 신뢰성을 확보하는 계기가 됐다. 발사 서비스와 우주 탐사까지 우리의 능력을 다시 한번 확인하는 시간이었다"며 "기술적 안전성을 높이기 위해 누리호는 향후 3차례 추가 비행을 수행할 계획이다. 지금까지 경험과 기술을 토대로 차세대 발사체 개발도 추진해 나가겠다"고 강조했다. 그는 또 "국제 경쟁력을 확보하면서 기업과 연구원이 다양한 시도를 할 수 있는 '뉴스페이스 시대'를 열어가자"고 덧붙였다.

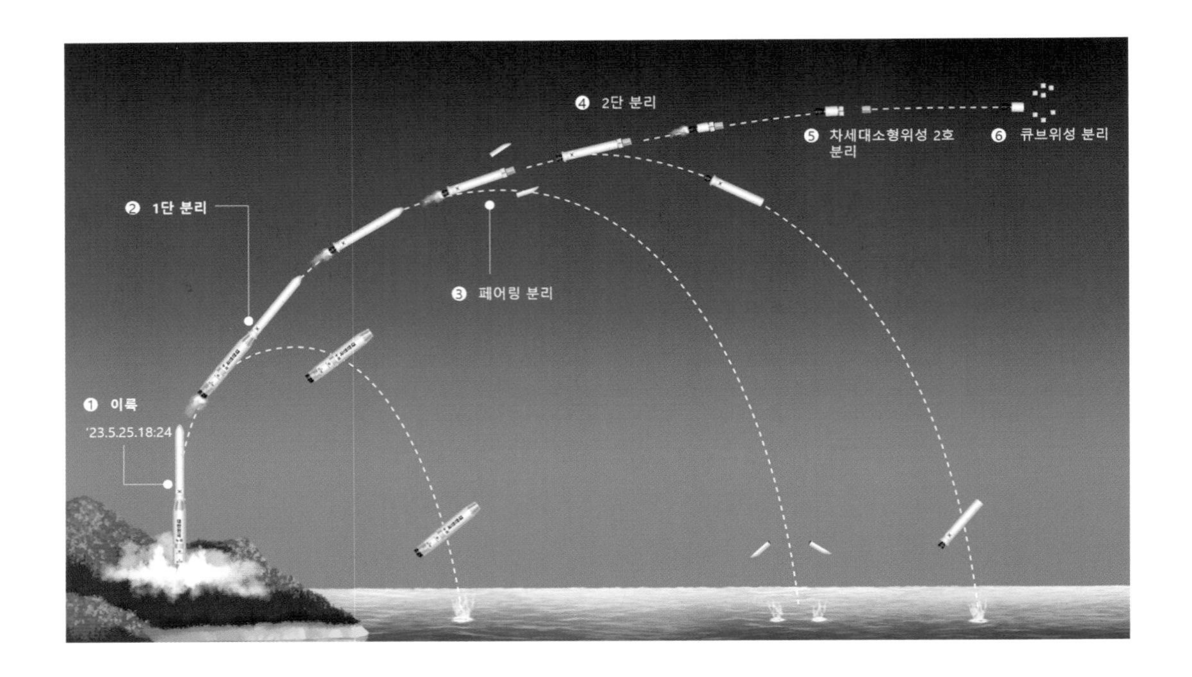

누리호 3차 발사의 비행 시퀀스. 누리호에서 1단, 2단이 분리된 뒤 차세대 소형위성 2호를 비롯한 위성들이 차례대로 분리됐다. 다만 추후에 총 8기 중 도요샛 1기가 분리되지 않은 것으로 확인됐다.

ⓒ 한국항공우주연구원

지금까지 모든 발사체 발사가 그랬듯 누리호 3차 발사 역시 한 차례 연기되는 우여곡절을 겪었다. 애초 계획은 2023년 5월 24일 오후 6시 24분이었다. 하지만 24일 오후 3시, 발사대에 있는 '밸브'를 제어하는 컴퓨터와 발사 제어 컴퓨터의 통신 간에 이상이 발견되면서 발사가 연기됐다. 연구진은 밤샘 작업을 펼쳐 25일 오전 5시경 오류가 발생한 소프트웨어(SW) 시스템 수정을 완료했다. 밤샘 작업을 한 연구자들에게는 발사 전까지 휴식 기간이 주어졌다고 한다.

▶ 1·2차 발사와 다른 점… 실용위성은 어떤 것이 실렸나

누리호 3차 발사는 지난 1·2차 발사와는 다른 점이 많았다. 1·2차 발사가 우리가 독자 개발한 발사체의 성능 점검에 초점이 맞춰졌다면 3차 발사는 철저하게 '실용적'인 측면으로 접근했다. 즉 이번 발사는 누리호가 위성을 우주 궤도에 정확히 올려놓을 수 있는지 '진짜' 위성을 탑재해 시험하는 것이 목적이었다. 향후 우리 발사체를 이용해 위성을 쏘아달라고 주문할지도 모르는 전 세계의 고객을 대상으로 리허설을 한 셈이다.

먼저 발사 시간이 달랐다. 오후 6시 24분은 지난 2차 발사와 비교했을 때 144분이나 늦은 시간대였다. 이는 누리호 3차 발사의 주 탑재체인 '차세대 소형위성 2호'의 원활한 운영을 위한 선택이었다. 이 시간대에 발사해야만 차세대 소형위성 2호가 항상 태양을 바라볼 수 있는 '여명·황혼 궤도'에 오를 수 있다.

인공위성은 태양빛을 받아 전기를 만들어낼 수 있는 '태양 전지판'을 이용해 각종 임무를 수행하고, 방전된 배터리를 충전한다. 나로우주센터에서 발사한 인공위성이 항상 태양을 바라보면서 지구를 공전하기 위해서는 오후 6시 24분에 발사를 하는 게 최적의 선택이었다. 반면 누리호 1·2차 발사는 발사 준비가 편한 시간대에 맞춰 추진됐다.

누리호 1차 발사는 시험발사였던 만큼 위성을 꼭 닮은 '위성 모사체'가 탑재됐다. 진짜 위성을 넣었다가 행여라도 실패할 경우에 입을 피해가 크기 때문이다. 2차 발사에서는 위성모사체와 함께 성능검증을 위해 큐브위성 4기가 탑재됐다. 큐브위성이란 부피가 1리터, 질량이 1.3㎏을 넘지 않는 초소형 위성을 뜻한다. 2차 발사의 경우 누리호가 원했던 고도까지 올라 위성모사체와 함께 큐브위성을 내려놓는 데 성공했다. 하지만 안타깝게도 4개의 큐브위성 중 현재 정상적으로 교신이 이뤄지고 있는 것은 단 1기에 불과하다. 발사체의 문제라기보다는 위성의 문제로 분석된다.

발사 고도 또한 1~2차는 발사체의 개발 목표였던 700㎞였던데 반해 이번 발사는 차세대 소형위성 2호의 궤도인 550㎞였다. 탑재체, 즉 발사체가 싣고 가는 중량은 1~2차는 1500㎏으로 누리호가 실을 수 있는 최대치로 잡은 반면, 3차 발사는 위성의 무게에 맞게 504㎏이었다. 위성 분리는 1·2차의 경우 이륙 후 875초 뒤 1차 분리, 이후 70초가 지난 뒤 2차 분리가 이뤄졌는데, 3차 발사에서는 주탑재 위성이 발사 후 783초 만에 분리됐고 이어서 20초 단위로 나머지 위성들이 우주 공간으로 분리됐다. 총 8기의 위성을 차례로 내려놓아야 하는 만큼 3차 발사의 총 비행시간은 1·2차 발사보다 43초

| 누리호 2차 · 3차 발사 비교 |

누리호 2차(2022. 6. 21.)	VS	누리호 3차(2023. 5. 25.)
16:00	발사시간	18:24
700km	발사고도	550km
201.5톤	총 중량	200.4톤
성능검증위성 + 위성모사체	탑재위성	• 주 탑재위성: 차세대소형위성 2호 • 부 탑재위성: 도요샛(4기), 루미르, 져스텍, 카이로스페이스
총 1500kg • 성능검증위성 180kg • 질량모사체 및 위성사출장치 등 1320kg	위성부 중량	**총 504kg** • 차세대소형위성 2호 180kg • 부 탑재위성 7기 60kg • 위성사출장치 및 어댑터 264kg
• 이륙 875초 후 1차 분리 • 1차 분리 70초 후 2차 분리	위성 분리	• 이륙 783초 후 주 탑재위성 분리 • 20초 단위로 7개 부 탑재위성 분리
1095초(18분 15초)	총 비행시간	1138초(18분 58초)

ⓒ 한국항공우주연구원

길어진 1138초였다.

누리호 3차 발사에는 차세대 소형위성 2호(주 탑재체)를 중심으로 도요샛 4기, 루미르, 져스텍, 카이로스페이스 등 8기의 위성이 탑재됐다. 주 탑재체인 차세대 소형위성 2호는 KAIST 인공위성연구소가 240억 원을 들여 개발한 위성으로 국산화에 성공한 '영상레이더(SAR)' 기술의 검증이 주목적이다. SAR이란 전파를 지표면으로 쏜 뒤 되돌아오는 신호를 분석해 지표면의 형태를 알아내는 첨단 기술이다. 전파를 이용하는 만큼 구름이 많이 끼어 있거나 어두운 밤에도 지상을 훤히 내려다볼 수 있는 게 특징이다. 일반 광학 카메라가 탑재된 위성은 할 수 없는 일이다. 문제는 SAR 가동에 많은 전력이 필요하다는 데 있다. 위성에 탑재된 배터리는 한계가 있고 태양광 패널이 붙어 있지만 SAR의 전력 소모를 따라가기 힘들었다. 그래서 연구진은 인공위

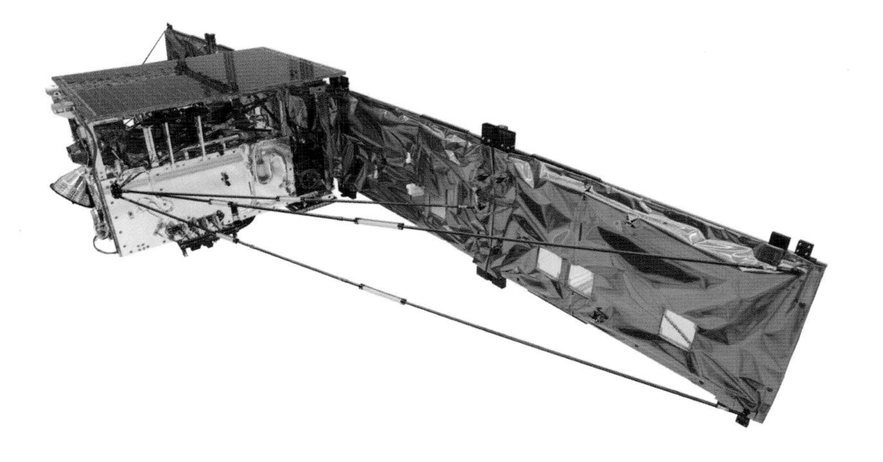

차세대 소형위성 2호의 비행 모델.
ⓒ KAIST 인공위성연구소

성이 항상 태양을 향하는 여명·황혼궤도에 올려놓기 위해 발사 시각을 오후 6시 24분으로 정했다.

4기는 한국천문연구원이 개발한 '도요샛' 위성이다. 10kg급 위성 4기가 한 세트로 묶여 있는 도요샛은 한 궤도에서 남북 방향으로 편대비행을 하면서 우주 날씨 변화를 관측하는 임무를 갖고 있다. 우주 날씨란 우주 공간에 떠다니는 다양한 입자와 방사선량 등의 변화를 의미한다. 도요샛은 당초 러시아의 소유즈2 발사체를 타고 우주로 나아갈 계획이었는데, 우크라이나와

차세대 소형위성 2호는 누리호 발사 43분 뒤(오후 7시 7분) 남극 세종과학기지에서 비콘 신호를 수신했다. 발사 1시간 34분 뒤(오후 7시 58분)엔 KAIST 인공위성연구소 지상국에서 위성상태 정보를 수신하는 데 성공했다.
ⓒ KAIST 인공위성연구소

한국천문연구원의 도요샛이 편대비행을 하며 우주 날씨를 관측하는 상상도. 총 4기 중 1기(다솔)는 사출되지 못한 것으로 밝혀졌고, 3기만 정상 작동에 들어갔다.
ⓒ 한국천문연구원

의 전쟁으로 발사가 무산되면서 누리호에 탑승했다. 하지만 누리호 발사 과정의 데이터를 분석한 결과 도요샛 4기 중 1기(다솔)는 누리호에서 사출되지 못한 것으로 확인됐다.

이 밖에 국내 기업 루미르가 개발한 위성 '루미르'는 우주 방사능 측정이 주된 임무다. 역시 국내 기업 져스텍이 개발한 위성 '져스텍'은 지구 관측을 위한 우주용 카메라가 실려 있을 뿐 아니라 우주 공간에서 자세를 제어할 수 있는 장비가 탑재돼 관련 기술 실증에도 나선다. 카이로스페이스가 개발한 카이로스페이스 위성은 위성의 기능이 고장 나 임무가 종료됐을 때 자동 작동해 대기권에 진입, 스스로 '소멸'하는 기술을 실증한다. 이 기술이 검증돼 향후 다른 위성에 탑재된다면, 고장이 났을 때 스스로 대기권으로 떨어져 사라지면서 우주 공간에 쌓이고 있는 '우주 쓰레기' 경감에도 도움을 줄 수 있다.

▶ 한국의 스페이스X를 찾아라…차세대 발사체 개발사업

무엇보다 이번 발사의 가장 큰 변화를 꼽자면 민간 기업의 '적극적인' 참여다. 우주개발에 뛰어든 한화에어로스페이스는 누리호 기술의 민간 이전을 위한 방침에 따라 '체계종합기업'으로 참여했다. 체계종합이란 1~3단 각 발사체 제작은 물론 기체 제작을 총괄 관리하는 역할을 의미한다. 즉 한화에어로스페이스가 누리호 발사 제작과 관리 등을 총괄한다는 뜻이다. 기존에는 누리호를 개발한 정부출연연구소인 한국항공우주연구원이 이 역할을 맡아왔다. 미국항공우주국(NASA)이 민간기업 스페이스X를 파트너로 선정한 뒤 발사체와 관련된 핵심 기술을 이전해왔던 것처럼 우리 정부 역시 그동안 R&D를 통해 개발해온 기술을 민간으로 이양하겠다는 의지를 담은 것이다.

물론 3차 발사는 한화에어로스페이스가 체계종합기업으로 선정되고

2023년 5월 23일 나로우주센터 발사대에 우뚝 선 누리호. 나로호 때부터 발사대를 제작해온 HD현대중공업를 비롯해 300여 개의 민간기업이 이번 누리호 제작에 참여했다.
ⓒ 한국항공우주연구원

난 뒤 첫 번째 발사인 만큼 주 운용은 항우연이 맡았다. 한화에어로스페이스는 체계종합기업으로 선정된 뒤 11명의 직원을 파견해 누리호 3차 발사 운용에 참여하면서 관련 기술 습득에 나섰다. 발사지휘센터에서는 2명이 발사 준비, 임무통제 등을 담당했고 6명은 발사체 준비, 시험, 운용에, 3명은 발사대 작업에 각각 참여했다. 향후 예정된 4~6차 발사에서는 한화에어로스페이스 직원들의 참여 범위가 확장되면서 발사 자체가 정부에서 민간으로 넘어가게 된다.

누리호는 2025년부터 매년 한 차례씩 총 세 차례 추가 발사가 이어진다. 발사 횟수를 높여 기술의 신뢰도를 끌어올리는 게 목표다. 또한 3차 발사에서 위성을 우주 궤도에 올려놓는 데 성공한 만큼 4차 발사에서도 '차세대 중형위성 4호'를 주 탑재 위성으로 싣게 된다. 5차, 6차 발사에서는 초소형 위성을 실어 제 궤도에 올려놓을 예정이다. 특히 6차 발사부터는 발사책임자는 물론 발사운용책임자, 발사관제센터의 일부를 제외하고 한화에어로스페이스 직원들이 대거 참여하게 된다.

누리호가 정부 주도의 개발 사업이지만 발사체 개발에 필요한 모든 부품을 정부 혼자 만든 것은 아니다. 이번 누리호 제작에는 총 300여 개의 민간기업이 대거 참여했다. 체계종합기업인 한화에어로스페이스는 발사체 엔진의 생산과 조립을 맡았고 중소기업 에스엔에이치는 엔진의 핵심 부품으로 꼽히는 '터보펌프'의 국산화를 이뤄냈다. 나로호부터 발사대 제작에 참여했던 HD현대중공업 역시 거대한 배를 만들면서 습득한 기술을 기반으로 발사대 기반 시설 공사를 담당한 것은 물론이고 발사대 지상기계설비, 추진체 공급 설비 등 발사대 시스템 전반을 독자 기술로 개발했다. 4기의 인공위성 개발에도 국내 기업들이 개발에 참여하면서 발사체, 발사대, 탑재체처럼 우주 개발에 필요한 밸류체인 전반을 독자기술로 이뤄냈다는 점도 상당히 의미 있는 일로 꼽힌다.

한화에어로스페이스가 누리호의 기술을 이전받는 사이, 항우연은 다음 단계인 '차세대 발사체(KSLV-III)' 개발에 나서게 된다. 시간이 없다. 당장 2023년 말부터 2032년까지 국비 2조 132억 원이 투입되는 대규모 국책사

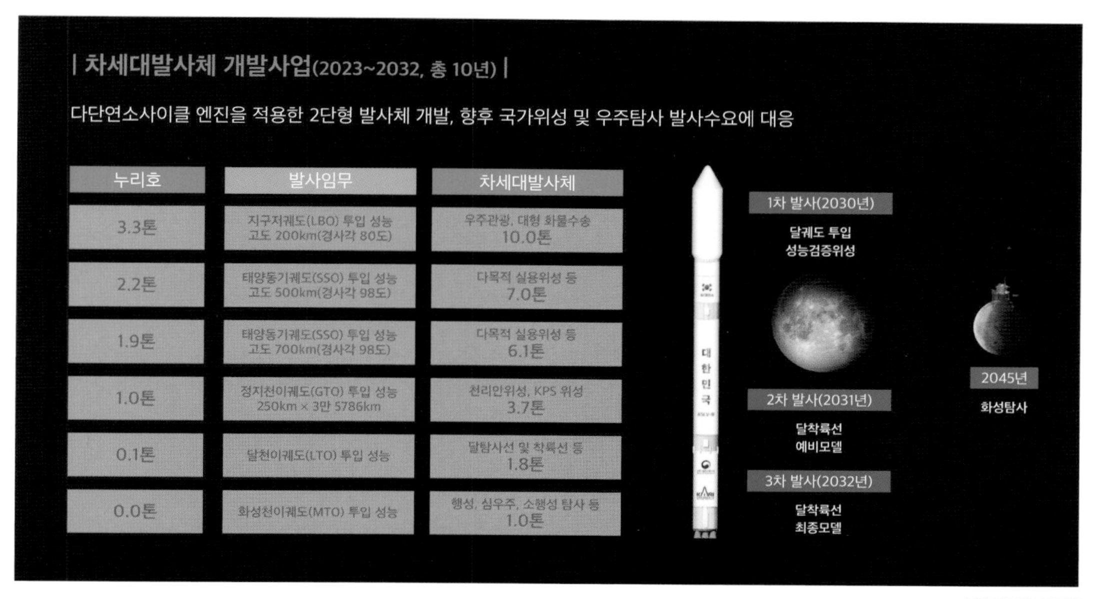

누리호	발사임무	차세대발사체
3.3톤	지구저궤도(LBO) 투입 성능 고도 200km(경사각 80도)	우주관광, 대형 화물수송 10.0톤
2.2톤	태양동기궤도(SSO) 투입 성능 고도 500km(경사각 98도)	다목적 실용위성 등 7.0톤
1.9톤	태양동기궤도(SSO) 투입 성능 고도 700km(경사각 98도)	다목적 실용위성 등 6.1톤
1.0톤	정지천이궤도(GTO) 투입 성능 250km × 3만 5786km	천리안위성, KPS 위성 3.7톤
0.1톤	달천이궤도(LTO) 투입 성능	달탐사선 및 착륙선 등 1.8톤
0.0톤	화성천이궤도(MTO) 투입 성능	행성, 심우주, 소행성 탐사 등 1.0톤

업이다. 차세대 발사체는 누리호가 할 수 없었던 대형 위성을 비롯해 달, 화성 등 더 먼 우주를 탐사할 수 있는 탐사선 등을 탑재할 수 있는 발사체로 스페이스X처럼 상용화에 좀 더 초점이 맞춰져 있다.

구체적으로 1단부는 100톤 이상의 엔진 5기를 묶고 2단부는 10톤 이상의 엔진 2기로 구성된 2단 엔진으로 만들어진다. 3단으로 이루어진 누리호보다 '단'은 적지만 난도 높은 기술이 대거 적용될 예정이다. 누리호의 경우 1단은 75톤 엔진을 4개 묶은 300톤급, 2단은 75톤급 엔진 1개, 3단은 7톤급 엔진 1개가 탑재됐는데, 차세대 발사체의 탑재 중량은 목표에 따라 다르다. 달에는 1.8톤, 화성에는 1톤을 각각 실어 보낼 수 있고, 지구 궤도에는 10톤을 올려놓을 수 있다.

1단 엔진의 경우 재점화, 추력조절 등 재사용발사체 기반 기술을 대거 적용할 예정이다. 첫 시도부터 성공은 어렵겠지만 우주 시장에 진출하기 위해서는 재사용 기반 기술 확보가 반드시 필요한 만큼 차근차근 준비해 나가겠다는 의지가 깔려 있다. 또한 설계단계부터 기업과 공동개발 형태로 진행돼 민간 기업이 우주기술을 확보하는 데 기여할 수 있는 방향으로 추진된다.

정부는 차세대 발사체 사업이 끝나면 이후부터는 국내 민간기업이 발사체 설계부터 제작, 발사를 진행할 수 있을 것으로 기대하고 있다. 이를 위해 발사체 부품 역시 국내 대기업은 물론 중소·중견기업을 활용해 우주개발 밸류체인을 지금보다 탄탄하게 만들어 나간다는 계획이다. 정부는 2030년 달 착륙을 확인할 수 있는 검증선을 발사하고 2031년에는 실제로 달에 착륙해 다양한 과학 임무를 수행할 수 있는 달착륙선을 발사하기로 했다.

▶ 놓칠 수 없는 시장

한국이 누리호 발사 성공과 함께 다음 계획을 빠르게 세우는 이유는 이 시장을 놓칠 수 없다는 급박함 때문이다. 스페이스X, 블루오리진처럼 재사용 로켓을 기반으로 한 민간 기업들이 생겨나면서 우주에 인공위성을 올려놓는 데 필요한 돈이 10분의 1 이상 줄어들었고, 이에 수많은 국가는 물론 기업들이 저렴해진 가격을 이용해 위성을 보유하려는 움직임을 보이고 있다. 이처럼 위성 시장이 태동하려는 모습을 보이자 기존의 우주강국으로 불린 국가들 역시 서둘러 관련 시장을 잡기 위한 비즈니스에 나서고 있다. 한국 역시 이 시장을 놓칠 수 없다.

위성을 이용한 신사업으로 뜨고 있는 분야는 '인터넷' 시장이다. 위성 기술이 발전하면서 500kg 미만의 소형 위성이 할 수 있는 일이 많아졌을 뿐 아니라 재사용 발사체의 활용으로 발사 비용이 적어졌다. 즉 많은 일을 할 수 있는 작은 위성을, 싸게 만들어서 저렴한 가격으로 우주에 올려놓을 수 있게 된 것이다.

이 시장을 가장 먼저 개척하고 있는 기업은 뉴스페이스 시대를 열었다는 평가를 받는 스페이스X다. 스페이스X는 '스타링크'라는 사업을 시작했는데, 이는 작은 위성을 수천 개 쏘아올린 뒤 이를 이용해 인터넷을 제공하는 서비스다. 한국처럼 땅이 좁고 인구 밀집도가 높은 국가의 경우는 기지국을 하나 건설하면 반경 수 km 이내에 쾌적한 인터넷 환경을 제공할 수 있는데, 미국처럼 땅이 넓거나 사막, 섬은 물론 산이 많은 국가는 기지국을 곳곳에 설

2022년 2월 3일 발사 직후 미국 뉴멕시코 상공에서 찍힌 스타링크 위성들의 궤적. 별 궤적을 길게 가로지른 것들이다.

치할 수 없다. 미국의 인터넷 속도가 한국과 비교했을 때 느린 이유이기도 하다. 스페이스X는 미국 육지 면적의 20%, 지구 전체 면적의 90% 이상이 기지국과 같은 기존 방식으로 인터넷 환경을 제공하기 어렵다고 이야기한다. 스페이스X는 이를 인공위성으로 해결하려고 시도하고 있다. 즉 인공위성이 기지국 역할을 하는 셈이다. 머리 위에서 지구를 돌고 있는 수천 개의 위성이 인터넷 서비스를 제공하는 만큼 사막 한가운데 있어도, 에베레스트산과 같이 높은 산 위에 있어도 인터넷 접속이 가능하다.

스페이스X는 이 같은 서비스를 원활하게 제공하기 위해 4만여 개의 위성을 발사하겠다는 계획을 갖고 있다. 현재까지 스타링크가 쏘아올린 위성은 4100여 개로 이제야 10분의 1을 겨우 넘긴 상황이다. 물론 위성을 이용한 인터넷 서비스는 가격이 상당히 비싸다. 현재 미국 등 일부 지역에서 서비스를 제공하고 있는데, 가격은 월 14~65만 원 수준이고 수신기 역시 80만 원에 달한다. 그럼에도 불구하고 현재 이용자 수는 150만 명을 넘어섰다. 한국의 인터넷 환경이 너무 좋기 때문에 이해가 가지 않지만, 그동안 기지국이 없어 인터넷을 사용할 수 없었던 사람들에게 스타링크는 구세주나 다름없다. 스페이스X 는 차후 수신기 가격을 약 24~25만 원까지 낮출 예정이다.

땅이 넓고 사막을 비롯해 인구가 많은 중국도 해당 서비스 구축에 나서고 있다. 중국은 2016년 1만 2992개의 위성을 쏘아 스타링크와 마찬가지로 위성 기반의 인터넷 보급 계획을 발표한 바 있다. 이를 위해 중국 역시 스페이스X와 마찬가지로 재사용 발사체 개발에 나서면서 향후 위성 시장의 발전 속도가 빨라질 것으로 전망된다.

영국의 위성통신 기업 원웹도 2019년 이후 총 600개가 넘는 위성을 발사해 2023년 안에 위성 기반의 인터넷 서비스를 제공한다는 계획이다. 스페이스X를 설립한 일론 머스크의 경쟁자, 제프 베이조스 아마존 전 CEO 역시 '카이퍼 프로젝트'를 통해 위성 통신 시장 진입을 알렸다. 이미 미국에서 사업 승인을 받았을 뿐 아니라 위성을 적재적소에 보급하기 위한 생산공장을 워싱턴주에 건설하고 있다. 글로벌 시장조사업체 리서치앤드마케츠에 따르면 이 같은 수요에 힘입어 세계 위성통신 시장 규모는 2022년 82억 2,000만 달러에서 2030년 197억 1,000만 달러로 연평균 11.6%씩 성장할 것으로 예측되고 있다.

지금은 인터넷 통신 위주의 위성 수요가 많지만 향후 여러 분야로 확대될 것으로 전망된다. 특히 도심항공모빌리티(UAM)나 자율주행차 등 미래 비즈니스로 평가받는 산업이 제대로 작동하기 위해서는 위성을 이용한 통신이 필수적이다. 군사적 목적은 물론 미국이 운영 중인 GPS 위성 의존도를 줄이기 위한 방안으로 여러 국가들은 위성을 대안으로 찾고 있다. 이처럼 위성 수요가 급증하면 아직 위성을 보유하지 못한 개발도상국을 비롯한 여러 국가들이 앞다퉈 저렴한 가격에 위성을 쏠 수 있는 방법을 찾게 되는 만큼 한국이 지금 신뢰도 검증에 나서고 있는 발사체가 훌륭한 대안이 될 수 있다. 스페이스X, 블루오리진과 같은 기업의 발사체 기술력이 아직은 '넘사벽'이지만 틈새 시장을 노릴 수 있다는 뜻이다.

▶ 한국판 NASA의 설립과 꿈

이런 의미에서 우리나라의 우주항공청 신설이 갖는 의미도 상당히 크다. 2022년 11월 과학기술정보통신부는 우주항공청설립추진단을 출범하고 민간 중심의 우주항공 산업을 활성화하기 위해 2023년 내에는 우주항공청을 설립한다는 계획을 세웠다.

우주항공청은 미국의 NASA처럼 우주개발을 관리·담당할 뿐 아니라 R&D까지 수행하는, 한 국가의 우주개발의 컨트롤타워다. NASA뿐 아니라 유럽우주국(ESA) 역시 같은 기능을 수행한다. 이뿐만 아니라 최근 우주개발이 민간 기업으로 이양되는 과정에서 폴란드, 아랍에미리트, 뉴질랜드, 호주, 이집트, 필리핀, 터키 등이 전담 기관을 설립했다. 민간 기업이 우주개발에 참여하는 뉴스페이스 시대의 도래를 앞두고 앞다퉈 우주청을 설립하면서 새로운 시장에 대응하겠다는 의지를 보이고 있는 셈이다. 2023년 3월에는 스페인우주청(AEE)이 출범했는데, 스페인 정부는 부처별로 흩어져 있던 정책을 AEE로 통합하고 1조 원에 달하는 예산을 배정했다.

1992년부터 위성을 개발하고 쏘아올렸던 한국은 과학기술정보통신부가 우주개발 계획을 맡고 항우연과 KAIST 인공위성연구소 등이 우주개발 R&D를 이끌어왔다. 하지만 과학기술정보통신부 같은 한 부처가 중심이 되어 이끌다 보니 다른 부처와의 협업이 쉽지 않았을 뿐 아니라 대통령 교체와 같은 외부 환경 변화에 우주개발 계획이 쉽게 바뀌기도 했다. 일례로 달탐사 계획은 박근혜 정부 당시 5년 가까이 앞당겨졌다가, 정권이 바뀐 뒤 다시 뒤로 연기됐다. 우주개발 R&D는 엄청난 예산이 장기간 투입돼야 하는 만큼 잦은 계획 변경은 오히려 악재가 될 수 있다.

현재 우주항공청을 설립하기 위해 기존에 과학기술정보통신부장관, 산업통상자원부장관 등이 담당하던 우주항공 관련 법률인 우주개발진흥법, 항공우주산업촉진법, 천문법 등을 우주항공청장이 담당하도록 부칙을 통해 개정하고 있다. 부처별로 나뉘어 있던 우주 관련 법률을 하나로 통합하는 것이다. 또한 국가 우주개발을 이끌어가는 국가우주위원회의 위원장은 국무총 정부는 2023년 내에 우주개발 R&D를 일관되게 이끌고 민간 중심의 우주항공 산업을 활성화하고자 우주항공청을 설립할 계획을 밝혔다. 사진은 한국항공우주연구원 위성종합관제실.
ⓒ 한국항공우주연구원

리에서 대통령으로 격상해 힘을 실어주고 우주항공청장을 위원으로 추가해 명실상부 우주항공청이 한국의 우주개발을 이끄는 리더 역할을 할 수 있도록 조직하고 있다.

우주개발 계획이 정권에 따라 바뀌지 않도록 우주항공청은 과학기술정보통신부 소속으로 하되 자율적으로 운영되도록 원칙을 정했다. 공무원 조직일 경우에는 유능한 인재를 영입하는 데 한계가 있을 수 있는 만큼 임용 제한 범위를 대폭 완화해 전문성에 기반해 조직을 운영할 수 있는 기반도 마련하고 있다. 외국인은 물론 복수국적자의 임용 또한 가능하다.

보수는 공무원 수준을 초과해 급여를 책정할 수 있도록 했으며 기술적 성과로 기술료가 발생하는 경우에는 연구자에게 보상금으로 지급할 수 있는 제도적 근거도 마련했다. 우수한 전문가를 영입하기 위해 근무형태 역시 일반 대기업과 마찬가지로 유연성을 부여하고 필요한 경우에는 외부기관의 파견도 허용하는 식으로 한 마디로 공무원 사회에서 지금까지 찾기 어려웠던 파격을 제공한다는 계획이다.

2022년 누리호에 실린 큐브위성 제작에는 국내 대학생들이 참여했다. 이 중 상당수는 2013년 발사된 나로호를 보면서 우주개발의 꿈을 키워왔다고 한다. 10년 전 우주로 향한 나로호를 바라보던 '나로호 키즈'가 누리호 개발에 참여한 셈이다.

한국에서 우주 R&D는 많은 우여곡절을 겪었다. 나로호 발사 당시에도

1단 로켓이 러시아제라는 이유로 '반쪽짜리 성공'이라는 비판이 제기됐다. 기존 계획대로 꾸준히 개발해왔으면 나로호를 우리가 만든 기술로 발사했을 것이라는 지적이 나오기도 했다. 역사에 가정이 없는 만큼 러시아와 손을 잡지 않았다고 할 경우 우리의 발사체 개발이 더 늦어졌을지, 또는 더 빨라졌을지 알 수 없다. 중요한 점은 나로호 이후 누리호까지 묵묵히 R&D를 이어왔고 결국 성공했다는 점이다. 그리고 이제는 상용 서비스를 제공하기 위한 차세대 발사체 개발이 곧 시작한다. 속도야 어찌 됐든 맞는 방향으로 가고 있는 셈이다.

특히 한국 역시 나로호를 보면서 과학자를 꿈꿨을 어린아이들, 발사체 기술이 필요하다며 수조 원의 예산 투입을 허락해준 국민을 보유했다. 이 두 가지만 생각해도 나로호와 누리호는 성공한 프로젝트다. 나로호 키즈가 누리호 개발에 참여했듯이 돈으로 환산할 수 없는 꿈은 이미 한국의 우주개발 R&D에 녹아들고 있다. 이제는 누리호를 본 아이들이 10년 뒤 차세대 발사체 개발의 주역이 되는 날이 기다려진다.

나로호 발사를 보면서 과학자를 꿈꿨던 '나로호 키즈'들이 누리호에 실린 위성을 제작하기도 했다. 누리호 키즈들은 앞으로 차세대 발사체 개발의 주역이 될 수 있다. 사진은 누리호의 1단과 2단을 조립하는 장면.
ⓒ 한국항공우주연구원

5

ISSUE 5 의학

마약

강규태

포스텍 생명과학과를 졸업하고 서울대학교 과학사 및 과학철학 협동과정에서 과학철학 석사학위를 받았다. 석사논문은 과학적 실재론 논쟁에 대해 썼고, 현재 같은 과정의 박사과정에서 생명과학철학·심리철학 분야를 공부하고 있다. 생명과학이 인간의 마음에 대해 어떤 것을 알려줄 수 있는지에 대해 관심을 갖고 있는데, 특히 생명과학에서 쓰이는 기능 개념을 이용해 심적 상태의 지향성을 자연주의적으로 해명하는 이론을 중점적으로 연구할 계획이다.

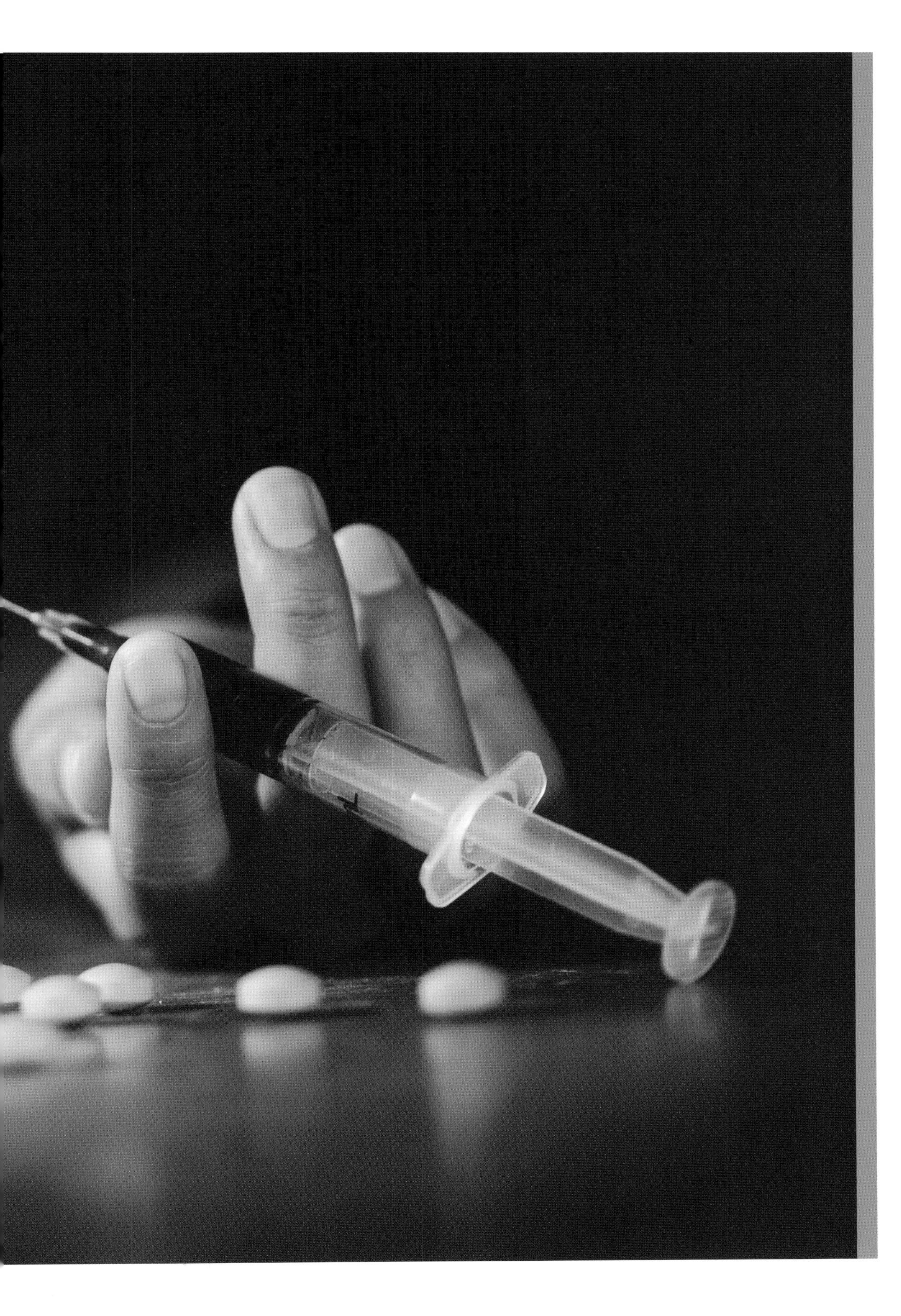

왜 마약에 빠지면 못 빠져나올까?

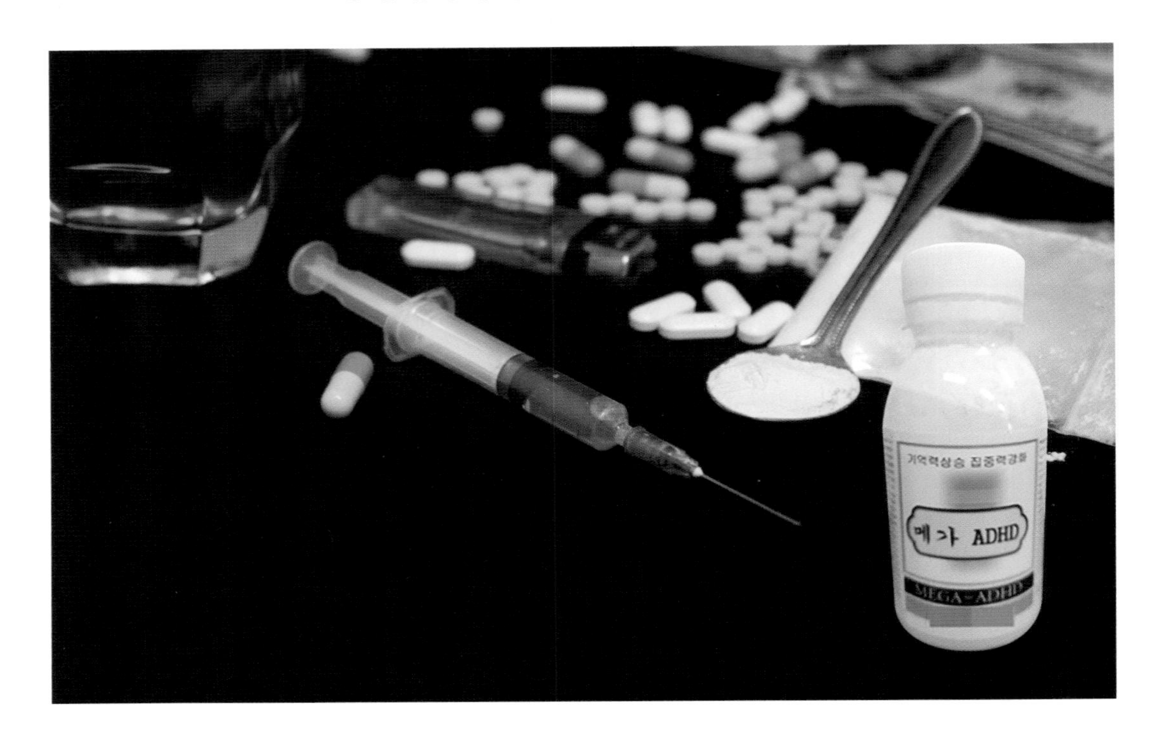

서울 강남 학원가에서 사기에 이용된 마약 음료.
ⓒ 서울강남경찰서

2023년 4월 3일 서울 강남구 학원가에서 일어난 마약 음료 사건은 전 국민에게 커다란 충격을 주었다. 범인들은 집중력 강화 음료 시음회로 속여 다수의 고등학생들에게 마약의 일종인 메트암페타민과 엑스터시가 들어간 음료를 나누어준 뒤, 마약을 했으니 신고당하지 않으려면 돈을 내놓으라고 협박했다. 다행히 학생들의 건강에 큰 문제는 없었고, 마약인 줄 모르고 마신 것이니 학생들이 처벌받지는 않았다. 하지만 이 사건은 그동안 연예인, 재벌가 자제, 유흥 업계 종사자 등에 한정된 것처럼 보였던 마약 범죄가 평범한 사람들의 주변까지 마수를 뻗치고 있다는 점을 보여주었다.

이처럼 우리 사회의 중대한 문제로 떠오른 마약에 대해 우리는 얼마나 알고 있을까? 이 글에서는 마약의 작동 원리와 다양한 종류의 마약에 대해 살펴보며 마약이 우리에게 어떤 해를 끼칠 수 있는지, 왜 마약에 빠지면 헤어나오기가 어려운지 알아보고자 한다. 특히 마약이 신경계 내에서 신경세포, 신경전달물질, 수용체와 어떻게 상호 작용하는지를 알아보면서 마약 문제의 바탕에 깔린 과학적 원리를 이해할 수 있을 것이다. 마지막으로 대마초 합법화·비범죄화를 둘러싼 논쟁을 살펴보며 그 근거가 무엇인지, 고려할 점은 무엇이 있는지, 우리가 이 문제에 어떤 태도를 취해야 할지 생각해볼 수 있을 것이다.

▶ 마약의 작용 원리

마약은 우리 신경계 내의 신호 전달 과정에 영향을 끼쳐 다양한 정신적 변화를 일으킨다. 마약 작용 원리의 핵심은 고통을 느끼게 하는 신경전달물질의 농도를 낮추고, 쾌락을 느끼게 하는 물질의 농도를 높이는 것이다. 이러한 과정은 신경전달물질들의 분비, (재)흡수에 영향을 끼침으로써 이루어진다. 따라서 마약의 작용 원리를 이해하기 위해서는 먼저 신경전달물질의 작용 원리를 이해할 필요가 있다.

신경전달물질은 신경세포(뉴런)들 사이에서 신호를 전달하는 물질로, 기분 조절, 기억, 움직임, 감각 등 신경계 활동을 조절한다. 신경전달물질은 신경세포들 사이의 시냅스라고 하는 작은 틈새를 통해 전달된다. 시냅스 전 신경세포에서 시냅스 후 신경세포로 신호를 보낼 일이 생기면, 시냅스 전 신경세포는 신경전달물질을 시냅스로 방출한다. 방출된 신경전달물질은 시냅스를 가로질러 확산되어, 시냅스 후 신경세포의 표면에 있는 수용체에 도달한다. 수용체에 신경전달물질이 결합하면, 시냅스 후 신경세포의 활성이 변화하면서 감정, 인지, 감각 등이 조절되는 것이다.

이렇게 신경전달물질로 신호가 전달된 후에는 시냅스에서 신경전달물질을 제거해야 다음 신호가 적절하게 전달될 수 있다. 만약 시냅스에 신경전달물질이 남아 있다면, 신호가 과도하게 전달되거나 다음 신호와 뒤섞여

시냅스와 신경전달물질

신경전달물질은 신경세포들 사이의 시냅스라는 틈새를 통해 전달된다. 시냅스 전 신경세포에서 방출된 신경전달물질이 시냅스 후 신경세포의 수용체에 결합하는 식이다.

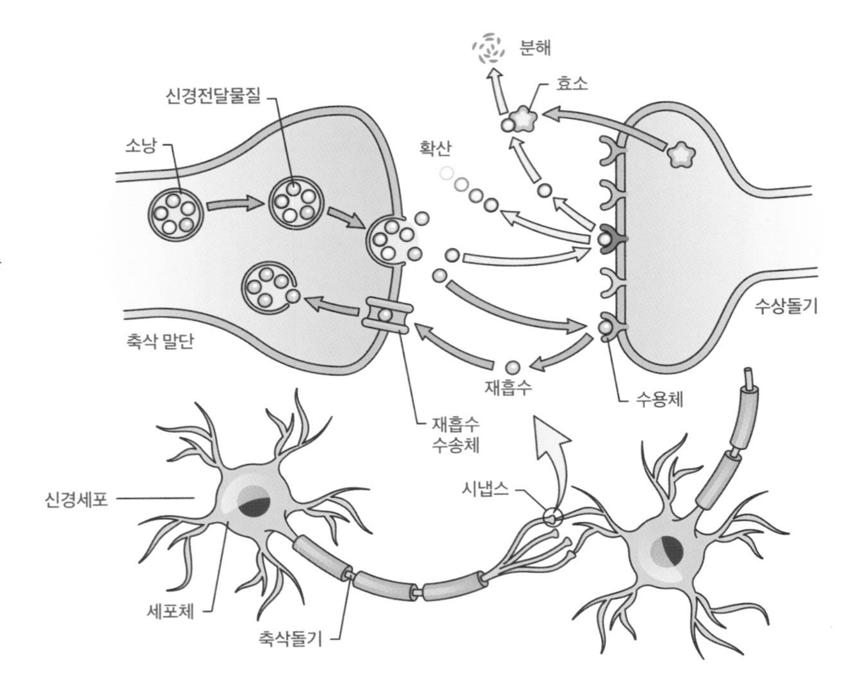

교란을 일으킨다. 따라서 신호 전달 후에 시냅스에 남아 있는 신경전달물질은 시냅스 전 신경세포로 재흡수되거나, 효소에 의해 분해되어 사라진다.

마약의 작용과 관련된 대표적인 신경전달물질은 도파민, 세로토닌, 노르에피네프린(노르아드레날린) 등이다. 도파민은 동기 부여, 보상, 운동, 기분 조절 등 다양한 뇌 기능에 중요한 역할을 하는 신경전달물질이며, 세로토닌은 기분 조절, 수면, 식욕 및 인지에 관여하는 또 다른 중요한 신경전달물질이다. 노르아드레날린이라고도 불리는 노르에피네프린은 신체의 스트레스 반응, 주의력, 각성, 기분 조절에 중요한 역할을 하는 신경전달물질이다.

마약은 이러한 신경전달물질의 농도를 변화시켜 뇌의 보상 경로를 망가뜨린다. 사람이 식사, 운동, 사교 활동과 같은 즐거운 활동에 참여할 때 뇌에서 도파민이 방출되어 보상감을 느끼고 행동을 강화한다. 그런데 마약은 도파민 수치를 직접 증가시키거나 도파민 조절에 영향을 미침으로써 이러한 자연적인 보상 시스템이 제대로 작동하지 않게 한다. 마약은 뇌의 도파민 수치를 증가시켜 단기간에 강렬한 쾌감과 보상을 느끼게 한다. 도파민 방출을 직접 자극하거나 재흡수를 차단하여 뇌에서 도파민의 활동을 연장시키는 것이다. 예를 들어 코카인은 도파민, 노르에피네프린, 세로토닌의 재흡수를 차단하여 뇌의 시냅스에서 이러한 신경전달물질의 수치를 증가시킨다. 이렇게 축적된 도파민은 코카인 사용과 관련된 행복감 효과를 만들어낸다.

❶

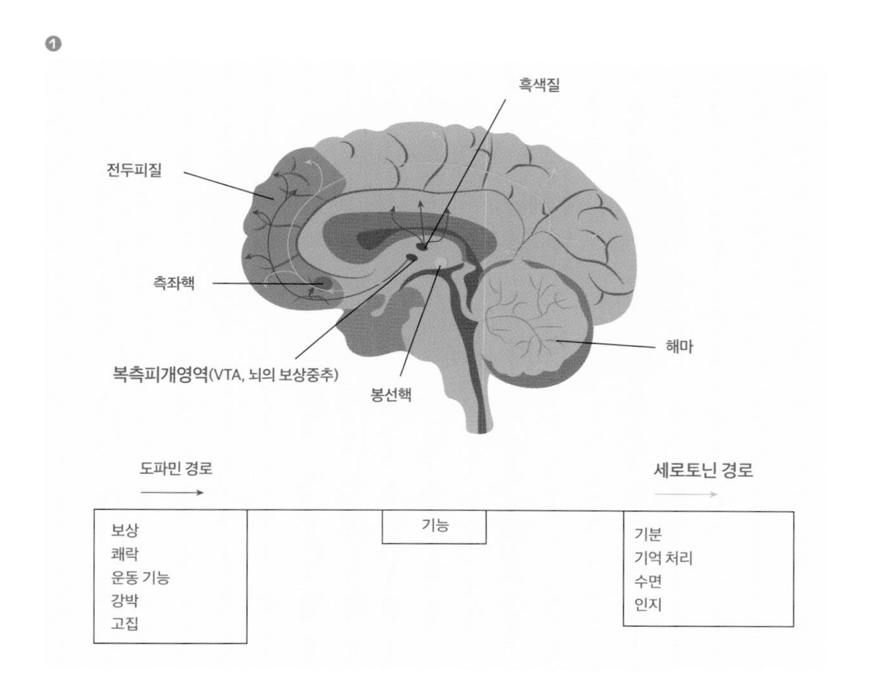

❶

마약 작용과 신경전달물질

마약 작용과 관련된 대표적 신경전달물질은 도파민, 세로토닌 등이다. 도파민은 동기 부여, 보상 등 다양한 뇌 기능에 중요한 역할을 하며, 세로토닌은 기분 조절, 인지 등에 관여한다.

❷

도파민의 작용 원리

사랑에 빠지거나 도박, 게임 등을 할 때 도파민이 일시적으로 분비되지만, 적정량을 넘으면 도파민 운반체들이 알아서 제거해 적정량을 조절한다.

❷ ❸

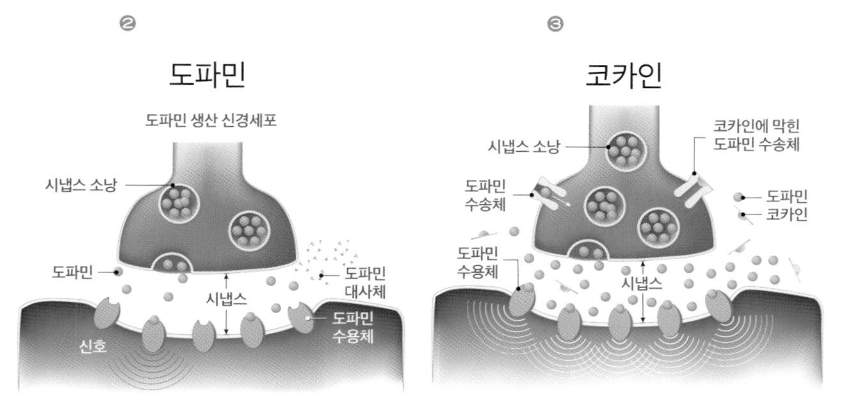

❸

마약 코카인의 작용 원리

코카인은 도파민을 제거해야 할 운반체들의 활동을 막아서 지나치게 많은 도파민이 시냅스에 잔류한다. 한편 필로폰은 도파민이 자연스럽게 신경세포로 흘러 들어가지 못하게 방해하고, 헤로인은 뇌에서 도파민저해제 활동을 차단함으로써 시냅스로 지나치게 많은 양의 도파민이 방출된다.

마약을 반복적으로 사용하면 뇌는 마약에 적응하게 된다. 즉, 시간이 지남에 따라 뇌는 마약에 대한 반응이 줄어드는 내성이 생긴다. 그러면 이전과 동일한 효과를 얻기 위해서는 더 많은 용량의 마약이 필요하게 된다. 그리고 내성이 생기면 음식이나 사회적 상호작용과 같이 기존의 자연적 보상에 대한 민감도가 감소하여 이전에 즐겼던 활동에 대한 흥미를 급격히 잃게 된다. 마약 말고는 행복감을 얻을 수 없게 되는 것이다. 이러한 조절 장애는 갈망과 약물을 찾고 사용하려는 강박을 유발한다. 그렇다고 마약 사용을 갑자기 중단하거나 현저히 줄이면 금단 증상이 나타난다. 금단 증상은 마약에 따라 다르지만, 신체적 불편함, 불안, 우울증, 과민성, 수면 장애 등이 존재한다. 이러한 증상으로 인해 고통을 겪으면 결국 마약을 다시 사용하게 되고, 중독으로 이어진다.

▶ 마약은 각성제, 진정제, 환각제로 구분

마약은 엄청나게 다양하고 이를 분류하는 기준도 여러 가지이지만, 가장 대표적인 분류는 정신적인 효과에 따라 각성제, 진정제, 환각제로 구분하는 것이다. 진정제는 중추신경계를 둔화시켜 뇌 활동을 감소시키고, 심장 박동과 호흡 기능을 저하시키는 약물이다. 이러한 종류의 마약은 진통 효과가 있어서 신체적·정신적 고통을 잊게 만들고 평온한 느낌과 강렬한 도취감을 준다. 헤로인, 모르핀, 펜타닐 등이 여기에 속하며, 술의 주성분인 알코올 역시 진정제이다.

각성제는 뇌 활동을 각성시키는 약물이다. 각성제는 에너지 수준, 집중력, 주의력을 일시적으로 향상시킨다. 각성제는 도파민, 노르에피네프린, 세로토닌과 같은 특정 신경전달물질의 방출을 증가시키고 재흡수를 억제하는 능력에 따라 분류된다. 이러한 신경전달물질은 뇌 활동을 자극하여 에너지와 각성을 증가시킨다. 코카인, 암페타민(예: 애더럴), 메트암페타민 등이 그 예이다.

환각제는 지각, 사고, 감각을 변화시켜 환각, 급격한 기분 변화, 현실

감각의 변화 등을 경험하게 한다. 환각제의 예로는 LSD, 환각버섯 등이 대표적이다 .

▶ 대표적 각성제, 코카인

남미에서 자라는 코카나무의 잎에 포함된 각성제 성분이 바로 코카인이다. 코카나무는 수 세기 동안 남아메리카 원주민 문화권에서 의약 및 의식 목적으로 사용되어 왔고, 19세기에는 특히 상류층 사이에서 기호용 마약으로 인기를 얻었다. 당시에 코카인은 체력을 증진시키고 활력을 느끼게 하는 강장제로 쓰였으며, 초기의 코카콜라에도 함유되어 코카콜라 특유의 맛을 내는 데 사용되었다. 그러나 코카인의 중독성과 해로운 영향이 밝혀지면서 코카인의 사용이 규제되기 시작한다. 그래서 현재의 코카콜라에는 코카인이 들어가지 않는다.

코카인은 강렬한 행복감, 에너지 증가, 자신감 고취 등을 불러일으키며, 주의력과 집중력을 향상시킨다. 그러나 이런 효과는 짧은 시간 동안만 지속되며, 약효가 사라지면 오히려 우울감, 불안감, 짜증 등을 야기한다. 장기간 사용 시 편집증, 환각 등 심각한 정신적 문제를 일으키기도 한다.

이러한 정신적 작용은 코카인이 도파민의 농도를 비정상적으로 높이면서 발생한다. 코카인은 신경세포에서 시냅스로 방출된 도파민의 재흡수를 막으며, 따라서 도파민이 시냅스에서 계속 높은 농도로 유지되게 한다. 이렇게 높아진 도파민 농도로 인해 강렬한 쾌감과 고양감을 느끼게 되는 것이다. 하지만 코카인으로 인해 도파민 농도가

코카나무 그림. 코카나무 잎에 있는 각성제 성분이 코카인이다.
© List of Koehler Images

높게 유지되면 신경세포에서 자연적으로 생산되는 도파민의 생산량이 감소하고, 시냅스 후 신경세포의 도파민 수용체의 민감도가 감소한다. 따라서 코카인을 흡입하지 않았을 때 도파민이 평소보다 줄어들고, 시냅스 후 신경세포에 대한 작용 정도도 크게 감소한다. 이로 인해 일상에서 즐거움을 느끼지 못하는 상태가 된다.

한편 코카인은 신체에도 무척 해로운 영향을 미친다. 코카인은 강력한 혈관 수축제로 작용하여 혈관을 좁히고 혈압을 높인다. 높아진 혈압은 뇌졸중 심장마비, 불규칙한 심장 박동 등을 유발할 수 있다. 또한 호흡기를 손상시켜 호흡곤란을 일으킬 수 있고, 위장, 신장, 간에도 문제를 일으킬 수 있다. 그리고 아직 확실하게 밝혀진 것은 아니지만, 장기간 사용 시 신경독성을 나타내 뇌 손상을 일으킬 가능성도 있다.

▶ 진통제로 쓰인 아편, 모르핀, 헤로인

아편은 양귀비라는 한해살이풀의 덜 익은 열매에서 채취한 마약이다. 양귀비는 기원전 3000년 전에도 메소포타미아 지역에서 재배됐다고 알려져 있고, 이후 고대 이집트나 고대 그리스로도 전해졌다. 고대에는 오락용 마약으로서보다는 진통제 등 의료용으로 주로 이용된 것으로 보인다. 16세기 이후 유럽에서는 아편이 무분별하게 처방되기 시작했는데, 이로 인해 중독자가 많이 생겨났다. 19세기에는 아편을 단속하려는 중국 청나라와, 청나라에 아편을 수출하여 이익을 얻고 청나라의 국력을 약화시키려는 영국 사이에 아편 전쟁이 일어나기도 했다. 이처럼 아편은 인류 역사와 오래 함께하면서 커다란 영향을 끼친 마약이었다.

양귀비 열매. 이 열매에서 아편을 채취할 수 있다.
ⓒ Dinkum/wikipedia

19세기 초 독일의 약사 프리드리히 제르튀르너는 아편에서 진통 작용을 하는 성분을 찾는 연구를 진행했는데, 그 결과 찾아낸 물질이 모르핀이다. 이후 아편에서 추출한 모르핀은 강력한 진통제로 각광받으며 한동안 의료용으로 광범위하게 쓰였다. 모르핀이 진통 효과를 나타내는 이유는 우리 몸에서 만들어내는 천연 진통제인 엔도르핀과 일부 유사한 구조를 띠기 때문이다. 엔도르핀은 통증이나 스트레스를 느낄 때, 또는 즐거운 경험을 할 때 방출되어 고통을 줄이고 행복감을 증진시키는 역할을 한다. 엔도르핀이 신경세포의 수용체와 결합하면, 고통을 느끼게 하는 다른 신경전달물질의 방출을 억제하고 행복감을 느끼게 하기 때문이다. 그런데 엔도르핀과 유사한 구조를 갖는 모르핀은 엔도르핀 수용체에 엔도르핀 대신 결합할 수 있고, 그로 인해 엔도르핀과 유사한 작용을 하게 되는 것이다.

모르핀은 진통 작용을 할 뿐만 아니라, 강렬한 쾌감과 행복감을 느끼게 만들기도 한다. 코카인과 유사하게 시냅스의 도파민 농도를 높이기 때문이다. 하지만 구체적인 메커니즘은 코카인과 약간 다르다. 코카인이 시냅스에 방출된 도파민이 재흡수되는 것을 막아 농도를 높인다면, 모르핀은 시냅스 전 신경세포가 시냅스에 방출하는 도파민의 양을 늘린다. 게다가 모르핀은 시냅스 후 신경세포의 도파민 수용체를 파괴하기도 하는데, 이로 인해 쾌감을 느끼기 위해서는 점점 더 많은 도파민이 필요해지고, 결국 모르핀에 계속 의존하게 된다.

한편 헤로인은 모르핀에서 화학 공정을 통해 합성되는 마약이다. 헤로인은 19세기 후반에 제약회사 바이엘이 처음 합성했는데, 초기에는 중독성이 없다고 여겨져 모르핀 대체제로 쓰였다. 하지만 곧 모르핀보다 훨씬 더 강력하고 중독성이 있는 것으로 밝혀지면서 사용이 금지되기 시작했다. 헤로인은 뇌에 들어가면 다시 모르핀으로 변하기 때문에 작용 방식은 모르핀과 동일하다. 그런데도 헤로인이 더 강력한 중독성을 보이는 이유는 뇌에 훨씬 빠르게 들어갈 수 있기 때문이다. 일반적으로 마약은 혈액에 녹은 채로 혈관을 타고 몸에 퍼지다가 뇌 속으로 들어가는데, 혈관과 뇌 사이에는 혈뇌장벽이라는 세포로 이루어진 장벽이 있어 혈액에 녹아 있는 물질이 뇌 속으

모르핀과 헤로인의 분자 구조. 그림에서 모르핀의 왼쪽 부분에 있는 두 개의 -OH가 헤로인에서는 -COOH로 바뀌어 있음을 확인할 수 있다.

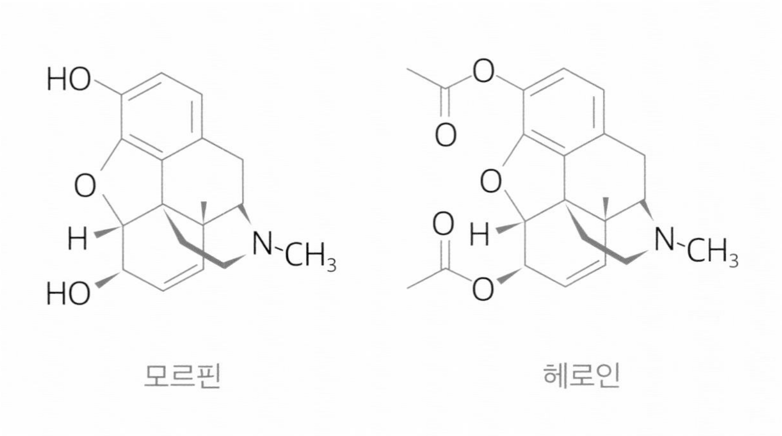

모르핀 헤로인

로 쉽게 들어가지 못한다. 그런데 모르핀이 변형되어 헤로인이 되면 혈뇌 장벽을 더 빠르게 통과할 수 있게 된다. 그래서 헤로인이 모르핀보다 더 빠르고 강력하게 효과를 나타내는 것이다. 헤로인은 신체에도 다양한 해악을 끼친다. 우선 중추신경계를 억제하여 심박 수와 호흡을 느리게 한다. 그리고 입이 마르고 팔다리가 무거운 느낌을 경험하게 하기도 한다. 장기간 사용 시 변비, 면역력 악화, 성기능 장애를 유발하며 과다 복용 시 호흡이 얕아지고 의식을 잃는 등 생명을 위협하는 문제를 일으킨다.

▶ 일명 히로뽕, 메트암페타민

메트암페타민은 19세기 말 일본에서 처음 발견되고 합성법도 개발된 마약이다. 우리나라에서는 흔히 '히로뽕' 혹은 '필로폰'이라고 불리는데, 이는 1941년 일본의 다이닛폰 제약사에서 출시한 메트암페타민 기반 피로회복제의 상표명이다. 메트암페타민은 각성 효과가 있어 주의력을 높이고 기분을 좋게 하며 한동안 집중력과 자신감을 향상시킨다. 그래서 20세기 초반에는 피로를 회복시켜주는 물질로 여겨졌는데, 추후 연구를 통해 실제로 피로를 없애주는 것이 아니라 피로를 느끼지 못하게 할 뿐이라는 점이 밝혀졌다. 즉, 피로하다는 느낌만 없어질 뿐 과로로 인한 신체 손상은 지속되는 것이다. 따라서 장기간 사용하거나 고용량을 복용할 경우 편집증, 불안감, 공격성, 환각, 정신병 같은 부작용을 일으킨다. 이러한 작용 때문에 메트암페타민은 제2차 세계 대전 시기에 군인들에게 투여되기도 했다. 메트암페타민의 각성 효과로 인해 군인들이 전투에서 겁도 내지 않고 피로를 느끼지 못하는 채로 작전을 수행하게 만든 것이다. 메트암페타민은 연합국, 추축국 모두에서 광범위하게 사용되었는데, 이때 많은 병사들이 중독되어 전쟁이 종결된 후에도 큰 문제가 되었다.

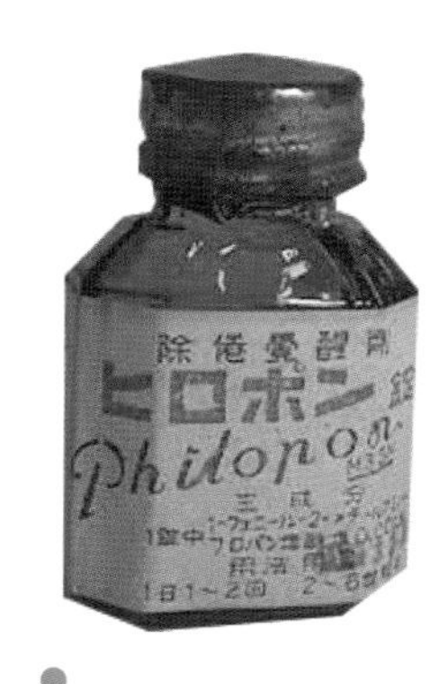

메트암페타민을 주성분으로 하여 판매된 필로폰(히로뽕).

메트암페타민은 도파민, 노르에피네프린, 세로토닌 등 신경전달물질의 방출을 유발하여 시냅스에서 이들 물질의 농도를 증가시키는 방식으로 작용한다. 또한 이 물질들의 재흡수를 차단하여 농도가 증가한 상태로 유지되게 하는 작용도 한다. 집중력을 높이고 각성 상태로 만드는 이유는 주로 노르에피네프린 때문이다.

신체적으로 메트암페타민은 심박 수, 혈압 및 체온을 증가시킨다. 또한 식욕을 억제하여 심각한 체중 감소와 영양실조를 일으킬 수 있다. 만성적으로 사용하면 구강 위생이 나빠지고 이갈이로 인해 심각한 치아 문제를 일으키기도 한다. 그리고 중독되면 강박적으로 피부를 긁고 뜯게 되어 피부 궤

메트암페타민염산염 결정. 메트암페타민 자체는 상온에서 액체로 존재한다.

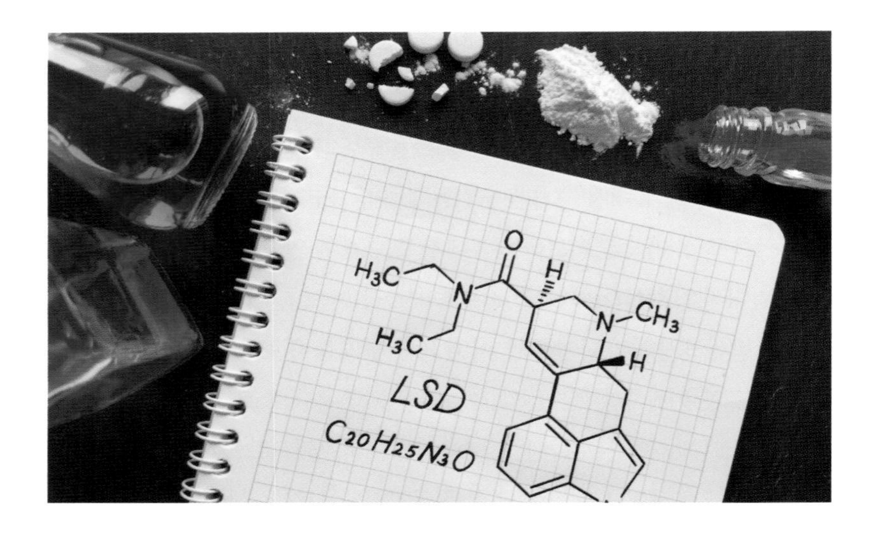

LSD의 분자 구조. 정확한 작용 메커니즘은 아직 모르지만, 주로 뇌의 세로토닌 수용체와 상호작용하는 것으로 추정된다.

양과 감염으로 이어지기도 한다.

▶ 대표적 환각제, LSD

소량으로도 매우 강렬한 환각 작용을 일으키는 대표적인 환각제가 바로 LSD다. 1938년 스위스 화학자 알버트 호프만에 의해 처음 합성됐으며, 그 이후 1950~1960년대 심리 치료 도구로 크게 인기를 끌었고, 문화적으로도 상당한 영향을 끼쳤다. LSD의 효과는 사람에 따라 크게 다른데, 심리적으로는 지각 변화, 생생한 환각, 감정 격화, 시간 및 자아에 대한 왜곡된 감각 등이 있다. 그 밖에도 공감각, 영적·신비적 경험을 할 수 있다. 전반적으로 매우 왜곡되고 확장된 감각 경험을 한다고 할 수 있다.

LSD의 정확한 작용 메커니즘은 완전히 밝혀지지 않았지만, 주로 뇌의 세로토닌 수용체와 상호작용하는 것으로 알려져 있다. LSD는 세로토닌과 구조적으로 유사하기 때문에 일부 세로토닌 수용체에 결합한다. 이는 감각, 기분 조절, 인지에 관여하는 여러 뇌 영역의 변화를 일으켜 심리적인 효과를 발생시킨다.

특히 LSD를 통한 환각 경험은 예술적인 영감을 주고, 창의성을 향상

비틀즈의 앨범 〈Sgt. Pepper's Lonely Hearts Club Band〉. LSD의 영향하에서 제작됐다고 알려져 있다.

시키는 것으로 간주되었다. 영국의 록 밴드인 비틀즈의 일부 곡들은 LSD 경험에서 큰 영향을 받았다고 알려져 있으며, 애플의 창업주이자 CEO였던 스티브 잡스는 LSD 경험이 훌륭한 제품을 만들고자 하는 목표를 뚜렷하게 해주었다고 증언한 바 있다. 그 밖에도『멋진 신세계』를 쓴 영국의 소설가 올더스 헉슬리도 LSD를 비롯한 환각제 사용을 옹호하기도 했고, 노벨생리의학상 수상자인 프랜시스 크릭은 LSD 복용이 지적 작업에 도움을 주었다고 말했다.

이러한 강력한 정신적 영향에 비해 LSD가 신체에 주는 영향은 크지 않다고 알려져 있다. LSD는 신체적 의존이나 금단 증상을 별로 일으키지 않아 신체적 중독성은 사실상 없는 것으로 간주된다. 그러나 그렇다고 해서 위험성이 전혀 없는 것은 아니다. 우선 LSD가 유발하는 독특한 경험과 감각을 계속 경험하고자 하는 심리적인 의존이 생길 수 있다. 그리고 LSD는 긍정적인 환각만 보여주는 것이 아니며, 복용자가 환각에 사로잡혀 살인을 비롯한 강력 범죄를 저지르거나 자살 충동을 겪기도 한다.

▶ 대마를 말려 만든 마약, 대마초

중앙아시아와 남아시아에서 자생하던 식물인 대마를 말려 만든 마약이 바로 대마초(마리화나)다. 삼속에 속하는 식물인 대마는 오랜 옛날부터

대마 잎. 말려서 대마초를 만드는 데 쓰이기도 한다.

다양한 용도로 쓰여 왔는데, 과거에 옷을 만들 때 썼던 삼베가 바로 대마의 줄기를 이용해 만든 직물이다. 마약으로는 주로 대마의 꽃과 잎, 이삭을 말린 것이 쓰이며, 기원전 3000년 전부터 마약으로 이용되었다는 증거가 존재한다.

일반적으로 대마초의 작용은 이완, 행복감, 시공간에 대한 인식 변화, 사교성 증가, 감각 경험 증가 등이 보고된다. 그러나 동시에 불안감, 편집증, 기억력 및 집중력 저하, 판단력 저하 등의 부정적인 영향도 나타날 수 있다. 신체적 측면에서는 심박 수 증가, 충혈된 눈, 구강 건조, 식욕 증가 등의 증상이 나타날 수 있다. 또한 대마초는 일반적으로 담배처럼 불을 붙여 연기를 흡입하는데, 담배 연기와 마찬가지로 여러 유해 물질이 많이 포함되어 있어 장기간 흡입하면 호흡기 질환을 유발할 수 있다.

대마초의 중독성은 코카인이나 헤로인 같은 강력한 마약보다 덜하고, 일상적으로 접하는 술이나 담배보다도 덜하다고 알려져 있다. 이러한 점은 대마초 합법화 · 비범죄화 운동의 근거가 되기도 한다. 하지만 대마초도 반복적으로 사용하면 내성이 생겨 원하는 효과를 얻기 위해 점점 많은 용량이 필요해지고, 심리적 의존으로 이어질 수 있다. 또한 중독 시 금단 현상을 경험할 수 있다.

대마초에서 마약 효과를 내는 성분은 '카나비노이드'라고 하는 여러 가지 화합물들이다. 대표적으로는 델타-9-테트라하이드로칸나비놀(THC)이 있다. THC는 뇌의 칸나비노이드 수용체에 결합하여 다양한 신경전달물질의 방출을 조절한다. 이로 인해 인지 능력에 단기적인 영향과 장기적인 영향을 나타낸다. 단기적인 영향으로는 단기 기억력 손상, 일시적인 집중력 저하, 반응 속도 저하 등이 있다. 특히 반응 속도 저하는 운동 능력에 문제를 일으켜, 대마초를 피우고 운전을 할 시 음주운전을 하는 것과 같은 문제를 일으킬 수 있다. 대마초의 장기적인 영향으로는 언어 유창성 감소, 장기적인 주의력 결핍 등을 들 수 있다. 특히 청소년기에 대마초를 장기간 사용할 경우, 교육 성취도가 떨어지고 문제 해결 능력이 저하될 수 있다. 장기간 대용량으로 사용할 경우 조현병을 비롯한 정신과적 문제를 발생시킬 수 있다.

◈ 대마초 합법화 · 비범죄화 논쟁

전 세계적으로 마약류에 대한 인식은 부정적이고, 국가에서도 강력한 제재를 가하는 경우가 많다. 그런데 대마초의 경우 오락용으로 합법화(소지자나 복용자에게 전혀 제재를 가하지 않음)하거나 비범죄화(제재는 하지만 벌금형, 징역형 등 형사처벌의 대상인 범죄로 취급하지 않음)한 국가들이 여럿 존재한다. 이에 따라 우리나라에도 대마초를 합법화하거나 비범죄화해야 한다는 목소리가 있다. 대마초 합법화 혹은 비범죄화를 옹호하는 대표적인 근거와 그에 대한 반론을 살펴보자.

근거 1: 대마초는 건강에 상대적으로 덜 해롭다

대마초는 건강에 끼치는 영향이 다른 마약에 비해 미약하고, 중독성 역시 적으므로 오락용으로 사용해도 큰 문제가 없다. 특히 일상에서 흔하게 접할 수 있는 술 및 담배와 비교해볼 수 있다. 담배는 폐암을 비롯한 각종 호흡기 질환의 원인이며, 중독성도 매우 강력해서 쉽게 끊기가 어렵다. 게다가 갑자기 금연할 경우 여러 가지 금단 증상을 일으킨다. 술은 담배보다 중독성은 적지만, 일단 중독되면 건강에 심대한 영향을 끼칠 뿐만 아니라 중독자를 사회·경제적으로 파탄에 이르게 하는 경우도 적지 않다. 그리고 중독될 정도로 많이 마시지는 않더라도 간 기능을 비롯해 건강에 여러 가지 악영향을 끼친다. 그에 비하면 대마초는 중독성과 유해성이 현저히 적으므로, 대마초를 허용해도 큰 문제는 없을 것이다.

반론: 대마초가 술과 담배보다 위해성 및 중독성이 상대적으로 적다고 해도, 문제가 없다는 것은 아니다. 대마초는 기억력 손상, 집중력 저하 등을 일으키며 장기적으로도 인지 능력 저하를 일으킬 수 있다. 그리고 담배보다 중독성이 적다는 것도 신체적 중독성에 한하며, 대마초는 환각성이 강해 이를 다시 경험하고 싶게 만들어 심리적으로 의존하게 만들 수 있다. 게다가 대마도 품종 개량에 따라 마약 효과가 점점 강해지고 있다. 대마초의 대표적인 마약 성분인 THC 함량은 20세기 초중반에 비교해 21세기에 들어서 10배 가까이 증가했다. 즉, 대마초의 효과가 약하다는 것은 어디까지나 과거의 대마 기준이며, 그 효과는 얼마든지 더 강해질 수가 있다.

또한 술과 담배가 합법인 이유는 위험성이 적어서가 아니라 오랜 역사 동안 사회적, 문화적으로 사람들의 생활에 뿌리 깊게 자리를 잡아 실질적으로 단속이 힘들기 때문이다. 미국에서는 20세기 초반 금주법을 통해 술을 금지했는데, 이 정책은 처절한 실패로 끝났다. 금주법이 시행되자 사람들은 불법적인 경로로 술을 구하기 시작했으며, 이로 인해 마피아, 갱스터 등 각종 범죄조직이 술 생산과 유통에 관여하면서 성장하였다. 이처럼 술과 담배는 단번에 불법화하고 단속 · 규제하는 것은 현실적으로 불가능하므로 법적으로 금지하지는 않고, 엄격한 연령 확인, 높은 세금 부과, 혐오 사진 의무 부착, 금연 및 금주 운동 등으로 소비량을 최대한 줄이는 정책을 시행하는 것이다. 반면 대마초는 우리나라에서 이

미 통제가 비교적 잘 이루어져 있으므로, 술이나 담배와 달리 합법화 · 비범죄화할 이유가 없다.

근거 2: 대마초 합법화 · 비범죄화 국가에서 마약 관련 문제가 줄어들었다

일부 국가에서는 오락용 대마초를 합법화하거나 비범죄화함으로써 암시장에서 거래되는 것을 막고, 복용량과 위험을 통제함으로써 국가의 관리하에 놓이게 하여 피해를 줄이는 정책을 시행했다. 대표적으로 네덜란드의 경우 1970년대부터 대마초를 비범죄화하여 대마초 남용과 관련된 피해를 줄이고자 했다. 대마초 판매와 소비가 허용되는 '커피숍(네덜란드에서는 커피를 파는 곳이 아니라 대마초를 판매하는 곳을 가리킴)'을 정부에서 규제함으로써 불법 유통을 막는 식으로 통제를 벗어난 마약 시장에서 나타나는 위험을 최소화한 것이다.

반론: 대마초 합법화 혹은 비범죄화는 대개 술이나 담배와

마찬가지로 정부에서 통제 가능한 수준으로 허용하는 것이 범죄 조직의 창궐을 막고 건강에 더 큰 해악을 끼칠 수 있는 질 낮은 대마초 가공품 생산을 막을 수 있다는 판단에서 나온 경우가 많다. 따라서 이들 국가의 대마초 허용 논리를 대마초 단속 및 통제가 비교적 성공적으로 이루어진 우리나라에서도 받아들일 필요는 없다. 네덜란드의 경우 대마초 흡연율이 통제 불가능한 수준이어서 비범죄화한 것은 아니지만, 비범죄화한 뒤 마약 사용률이 증가하고 대마초 중독자도 늘어나 점점 마약으로 인한 문제가 커지면서 규제를 강화하고 있다.

근거 3: 대마초는 의학적 효과가 있다

대마초는 만성 통증, 간질, 다발성 경화증, 화학 요법과 관련된 메스꺼움 등 다양한 질환을 치료하는 데 있어 치료 잠재력이 있다. 대마초의 합법화를 통해 환자는 의사의 처방 등 통제된 방식으로 대마초를 이용할 수 있으므로 품질, 복용량 일관성, 환자 안전을 보장할 수 있다. 또한 대마초 사용을 합법화하면 대마초 기반 의약품에 대한 연구와 개발이 더욱 활발해질 수 있다.

반론: 어떤 물질이 의학적으로 사용이 가능하다는 점과, 그것을 오락용 마약으로 이용해도 된다는 점은 철저하게 구분해야 한다. 예를 들어 모르핀은 환자가 일반 진통제는 효과가 없을 정도로 극심한 통증에 시달리는 것처럼 특수한 상황에 한해서 의료용으로 사용되기도 한다. 하지만 그렇다고 해서 모르핀을 오락용으로 허용하면 엄청난 사회적 문제를 발생시킬 수 있다. 이와 마찬가지로 대마초에 의학적 효과가 있으며 따라서 의료용으로 합법화돼야 하는지 여부와, 담배 등과 같이 오락용 마약으로 합법

화 · 비범죄화돼야 하는지 여부는 별개의 쟁점이며, 혼동해서는 안 된다.

▶ 마약은 신경계를 근본적으로 변화시켜

지금까지 대표적인 마약의 작용 원리 및 위험성, 그리고 마약이 어떤 방식으로 신경계와 상호작용하며 신체 및 정신 건강상의 문제를 초래하는지 알아보았다. 마약은 주로 도파민, 세로토닌, 노르에피네프린과 같은 신경전달물질의 양과 그에 대한 신경세포의 수용성을 크게 변화시키면서 정상적인 신경계의 기능에 필요한 균형을 깨뜨린다. 그 결과로 마약은 사람들이 쾌감이나 안도감을 얻기 위해 강박적으로 찾도록 만들고 신체적·정신적으로 심대한 피해를 입힌다.

마약의 작용 원리와 그 해악을 알게 되면 마약의 사용이 단순히 개인의 기호나 의지의 문제가 아니라 신경계의 근본적인 수준을 변화시키는 심각한 문제라는 점을 이해할 수 있다. 이러한 지식은 앞으로 마약 관련 이슈를 직접적으로나 간접적으로 접할 때 어떤 태도를 취해야 하고 어떤 판단을 내려야 하는지에 도움이 될 것이다.

ISSUE 6 산업

도심항공 모빌리티

박응서

고려대 화학과를 졸업하고, 과학기술학 협동과정에서 언론학 석사학위를 받았다. 동아일보《과학동아》에서 기자 생활을 시작했고, 동아사이언스 eBiz팀과 온라인뉴스팀 팀장,《수학동아》와《어린이과학동아》부편집장, 머니투데이방송 선임기자, 브라보마이라이프 온라인뉴스팀장, 테크월드 편집장, 이뉴스투데이 IT과학부&생활경제부 부장을 역임했으며, 현재는 이코노믹리뷰에서 산업부 부국장을 맡고 있다. 지은 책으로는 『테크놀로지의 비밀찾기(공저)』,『기초기술연구회 10년사(공저)』,『지역 경쟁력의 씨앗을 만드는 일곱 빛깔 무지개(공저)』,『차세대 핵심인력양성을 위한 정보통신(공저)』,『과학이슈11 시리즈(공저)』 등이 있다.

2025년 도심항공교통(UAM) 상용화한다?!

'하늘을 나는 자동차' 도심항공교통(UAM)은 도심과 공항을 이어주는 셔틀로 이용될 수 있다.

조만간 서울에서 '하늘을 나는 자동차'를 볼 수 있을 뿐 아니라 직접 타는 것도 가능할 전망이다. 서울시가 여의도와 잠실, 수서, 김포공항을 빠르게 이동하고, 한강과 서울 풍경을 감상하고 관광하는 비행 서비스를 2024년 하반기부터 선보일 계획이다. 서울시는 2023년 5월 12일 도심항공교통(UAM, Urban Air Mobility)을 상용하기 위해 국토교통부와 함께 실증사업을 추진하고, 본격적으로 준비를 시작한다고 밝혔다.

도심항공모빌리티라고도 불리는 UAM은 활주로 없이 수직이착륙이 가능한 친환경 미래 이동수단이다. 도로 교통 혼잡 문제를 해결할 수 있어 세계 각국이 주목하며 뛰어들고 있는 시장이다. 우리나라는 2025년 상용화를 목표로 여러 민간기업에서 컨소시엄을 구성해 관련 기술 개발에 막차를 가하고 있다.

UAM을 일반인들이 널리 이용할 수 있으려면 자동차와 같은 기체, 운행을 관리하고 통제할 관제 시스템, 정보를 주고받는 통신 등에 관련해 비행 전반에서 안전성을 충분하게 검증해야만 한다. 이에 2023년 1단계 실증사업을 한 뒤, 2024년부터 수도권에서 2단계 실증사업을 추진한다. 2단계 실증사업은 서울 김포공항-여의도 구간(18km), 잠실-수서 구간(8km), 경기 킨텍스-김포공항 구간(14km), 인천 드론시험인증센터-계양신도시 구간(14km)의 노선에 대해 2024년 하반기부터 2025년 상반기까지 진행된다.

| 도심항공교통(UAM) 실증노선 |

*출처: 서울시

▶ 도로에 낭비되는 비용 70조 원 넘어

UAM은 일반적으로 도시에서 30~50km에 달하는 거리를 전기수직이착륙기(eVTOL)를 이용해 빠르게 이동하는 교통서비스를 의미한다. UAM은 버티포트라고 부르는, 전기수직이착륙기가 뜨고 내리는 비행장에서 출발해 300~600m까지 오른 뒤 이동한다.

그런데 서울시와 정부가 왜 UAM 실증사업에 적극적으로 나서고 있는 것일까. 이를 위해서는 서울시와 우리나라가 처한 교통 상황에 대한 이해가 필요하다.

70조 6,000억 원. 2019년 한 해 동안 전국에서 차가 막혀서 발생한 다양한 형태의 손실을 화폐 가치로 환산한 금액, 바로 '교통혼잡비용'이다. 차량 정체로 발생하는 기름값과 시간 손실 등을 돈으로 바꿔서 계산한 값으로 도로 분야 대표적인 지표 중 하나다. 단순화하면, 불필요하게 도로에 버려지는 비용인 셈이다. 2019년 명목 GDP(국내총생산) 1,914조 원의 무려 3.7%에 달하는 수치다.

1994년 교통혼잡비용은 10조 원가량이었는데, 25년 사이에 7배에 달할 정도로 비용이 늘어날 정도로 매년 증가하고 있다. 다만 한국교통연구원이 2023년 3월 31일에 발표한 '2020년 도로혼잡비용'은 당시 코로나19(신종 코로나바이러스 감염증) 영향으로 교통량이 크게 줄면서 56조 6,400억 원으로 대폭 감소했다.

2020년 기준 서울은 도로교통혼잡비용의 24%를 차지할 정도로 경기도의 31% 다음으로 정체가 심한 곳이다. 이런 특성으로 서울시는 시민들의 대중교통 이용을 늘리고 승용차 이용을 최소화하는 전략을 추구하고 있다. 2022년 서울 시민들은 대중교통을 한 번 이용할 때 평균 1.2회 환승하고, 33분 동안 11.3km를 이동하는 것으로 나타났다.

서울시가 2023년 5월 10일 발표한 '2022년 대중교통 이용현황 분석 결과'에 따르면 서울 시민들은 하루에 버스를 이용할 때는 13분 동안 3.3km를 이동하고, 지하철을 이용할 때는 36분 동안 13.8km를, 택시(2021년 기준)를 이용할 때는 19분 동안 7.5km를 이동했다. 교통수단별 평균 속도가 시속 15.2km, 지하철은 시속 23.0km, 택시는 23.7km인 셈이다. 교통수단별 서울시 교통분담률(2021년 기준)은 지하철 39.7%, 승용차 28.5%, 버스 21.7%, 택시 5.3% 순인 것을 참고하면, 도로 속도가 서울 시민들의 이동에 영향을 크게 미친다는 사실을 확인할 수 있다.

서울시 교통정보에 따르면 2023년 4월 기준 서울시 도로 속도는 평균 시속 25.0km다. 반면 오후 5시부터 7시까지 도로 속도는 평균 시속 20.5km로 20%가량 크게 떨어진다. 하지만 낮에 이동할 때 체감하는 도로 속도는 더 떨어지는 편이다. 필자가 2023년 5월 12일 오후 2시 30분쯤에 안국역에서 여의도 KBS별관 부근까지 택시로 이동했을 때를 살펴보면, 거리는 9.5km였는데 도착까지 1시간이 걸렸다. 시속 9.5km로 가장 혼잡하다고 알려진 오후 퇴근 시간의 절반에도 미치지 못하는 속도다.

▶ 도시화율 증가에 갈수록 심해지는 세계 도시 문제

도심에서의 교통체증은 시민들과 국가에 막대한 비용 손실을 초래한다. 그런데 이런 도시 문제는 앞으로 더욱 심각해질 전망이다. 실제 세계적으로 도시화가 빠르게 진행되면서 교통 혼잡과 환경오염, 소음 공해 같은 도시 문제가 갈수록 심해지고 있다.

국제연합(UN)은 세계에서 도시 거주 인구 비중을 뜻하는 도시화율이 2018년 55%에서 2035년 63%에 이를 것으로 전망했다. 또 인구가 1000만 명 이상이 거주하는 메가시티(megacity)는 2010년 25개에서 2035년 48개로 증가할 것으로 예측했다. 세계적으로 도시 인구 증가도 총인구 증가보다 2배 이상 빠르게 나타날 것으로 내다보고 있다.

교통정보 분석기관인 인릭스(INRIX)가 발표한 '글로벌 트래픽 스코어카드(Global Traffic Scorecard)'에 따르면, 2020년 세계 교통혼잡순위에서 1위에 오른 콜롬비아 보고타는 1년에 한 사람이 교통체증으로 낭비되는 시간이 133시간에 이르고, 출퇴근 피크타임에 도심 예상 교통 속도가 시속 18km 정도로 나타났다. 미국은 세계 교통혼잡순위 10위 안에 무려 3곳의 도시가 포함됐다. 즉 1인당 1년간 교통체증 낭비 시간이 100시간, 출퇴근

전 세계적으로 도시에서 교통체증은 주요 문제 중 하나다. UAM은 이 문제를 해결할 수 있는 교통수단이다.

도심 속도가 시속 19km 정도인 뉴욕이 3위에, 교통체증 낭비 94시간에 출퇴근 도심 속도가 시속 19km인 필라델피아가 5위에, 교통체증 낭비 86시간에 출퇴근 도심 속도가 시속 24km인 시카고가 7위에 각각 올랐다.

이에 세계적인 도시마다 교통 정책에서 기존 교통수단에 대한 개선 정책을 펼침과 동시에 새로운 교통수단이 필요해졌다. 이런 상황에서 등장한 것이 바로 UAM이다. 설계 수준에 머물렀던 UAM이 드론과 기반 기술이 발달하면서 UAM에 대한 실현 가능성이 크게 증가하면서 세계 각국에서 UAM 시장을 선점하기 위한 경쟁이 치열하게 벌어지고 있다.

UAM을 이용하면 얼마나 시간을 줄일 수 있을까. 아직 실제 운항을 시작하지 않았기 때문에 어떻게 될지 변수는 많다. 최근 국토교통과학기술진흥원이 발표한 '도심항공모빌리티(UAM) 적용을 위한 수직이착륙장 위치 선정, 구축방안, 운영 소음 분석 등 공유기반 모빌리티(ODM) 기술 개발' 보고서를 살펴보자. 연구진은 경기도 고양시 고양IC에서 여의도 한강공원, 서초IC, 판교JC까지 이어지는 경로를 승용차와 대중교통, UAM을 이용해 이동했을 때를 가상으로 추정했다. 그 결과 UAM은 해당 경로를 우회하는 거리를 승용차와 비교해 4분의 1, 대중교통과는 6분의 1수준으로 시간을 단축할 것으로 예측됐다. 예를 들어 승용차로 40분 걸리고, 대중교통 수단으로 60분이 걸린 경로를 UAM으로 10분 만에 주파할 수 있는 셈이다.

물론 UAM은 버스나 지하철처럼 바로 목적지 부근에 도착하기보다는 주요 거점까지 이동하고 그 근처에서 다시 대중교통으로 갈아탄 뒤 최종 목적지에 도착할 수 있다. 이에 따라 UAM만 이용할 때보다 시간이 최소 2배는 더 걸릴 가능성이 높다. 하지만 여전히 기존 대중교통 수단을 이용할 때보다는 훨씬 빠르게 도착할 것으로 보인다.

▶ 드론 기술 발달로 현실성 높아진 UAM

UAM은 미국항공우주국(NASA)이 저고도 공중을 활용해 새롭게 구축하고자 하는 도시의 단거리 항공 운송 생태계를 '도심항공교통(Urban Air

Mobility)'으로 부르면서 널리 쓰이기 시작했다. 최근에는 UAM을 도시 권역에서 개인용 비행체(Personal Air Vehicle, PAV) 형태인 수직이착륙 비행기(Vertical Take-Off and Landing, VTOL)로 이동하는 공중 교통체계를 말하기도 한다. 비행체 개발과 제조, 판매, 유지·보수, 인프라 구축, 항공 서비스 같은 도심항공 이동수단 생산과 운영을 모두 포괄한다.

이처럼 UAM은 교통체계 전반을 의미하지만, 이 체계에 주로 사용하는 교통수단만으로 표현하기도 한다. 즉 플라잉카(flying car)와 같이 하늘을 나는 자동차로 부른다. 또 앞으로 대중교통수단으로 주로 쓰일 예정이어서 하늘택시나 에어택시, 항공택시 같은 이름으로도 부른다.

수직이착륙 비행기(VTOL)는 공중에서 정지하거나 활주로 없이 뜨고 내릴 수 있으며, 수직으로 이착륙하며 나는 기체를 뜻한다. 개인용 비행기(PAV)는 미국 항공우주국(NASA)이 2003년 일반인이 운전면허만으로 운전할 수 있는 PAV 개발프로젝트를 추진하면서 처음 등장했다.

그런데 하늘을 나는 자동차는 등장한 지 100년이 넘을 정도로 오래됐다. 1917년 미국의 항공기 설계사 글렌 커티스(Glenn Curtiss)가 개발한 오토플레인(Autoplane)이 시초라고 알려져 있다. 물론 오토플레인은 실제 비행을 하지 못한 것으로 알려졌다. 실제 날 수 있는 플라잉카는 2009년에 등장했다. 미국 매사추세츠공과대학(MIT) 졸업생들이 설립한 회사 테라퓨지아(Terrafugia)가 접이식 날개를 단 자동차로 도로에서 달리고 하늘에서 비행하는 '트랜지션(Transition)'을 처음 선보였다. 2012년에는 네덜란드 팔브이(PAL-V)가 자동차와 자이로콥터를 결합한 '리버티(Liberty)'를, 2014년에는 슬로바키아 에어로모빌(AeroMobil)이 자동차와 비행기를 결합한 '에어로모빌 3.0'을 공개했다.

▶ 매년 30% 급성장하는 UAM 시장

기존 헬리콥터나 비행기와 영역이나 방식이 다른 UAM은 미래형 교통수단이자 친환경적이며 최첨단기술을 집약한다는 점에서 기존 교통수단

| 도로주행과 비행이 모두 가능한 플라잉카 주요 모델 |

모델명	트랜지션(Transition)	리버티(Liberty)	에어로모빌 3.0(AeroMobil 3.0)
형상			
제조사	테라퓨지아(미국, 2017년 중국 지리자동차가 인수)	팔브이(네덜란드)	에어로모빌(슬로바키아)
공개시점	2009년	2012년	2014년
주요특징	· 접이식 날개 장착 · 로텍스 912S 엔진(경비행기형) · 비행모드 변환과정: 30초 · 이륙에 필요한 거리: 518m · 최대비행거리: 640km · 최고비행속도: 시속 161km · 예상가격: 40만~50만 달러	· 접이식 날개 장착 · 풍력발전 기반 로터 · 곡선도로 주행 시 틸팅 가능 · 비행모드 변환 과정: 10분 이내 · 최대비행거리:500km · 최고비행속도: 시속 180km · 예상가격: 40만 달러(보급형), 60만 달러(고급형)	· 접이식 날개 장착 · 비행모드 변환과정: 3분 이내 · 이륙에 필요한 거리: 200m · 최대비행거리: 700km · 최고비행속도: 시속 200km · 상업모델인 에어로모빌 4.0은 2020~2021년 출시 예정 · 예상가격: 130만 달러

ⓒ 테라퓨지아, 팔브이, 에어로모빌

과 크게 차별화된다. 우선 별도 활주로가 필요 없이 최소한의 수직이착륙 공간만 확보하면 이용할 수 있어, 현재의 도로 교통 혼잡을 줄여줄 입체형(3차원) 미래형 도시 교통수단이다. 첨단화하고 있는 도시인 스마트시티에서 도로와 철도, 개인교통수단과 연계해 중요한 교통 서비스로 자리 잡을 것으로 기대된다. 또 이차전지나 수소연료전지를 사용해 탄소 배출이 없고, 저소음으로 도심에서 다닐 수 있는 친환경 교통수단이다. 아울러 소재와 배터리, 정보통신 제어, 항법 등에 관련된 하드웨어와 소프트웨어 모든 부분에서 최첨단기술이 필요한 분야다.

미국 투자회사 모건스탠리는 2019년에 발표한 'UAM 시장 규모 전망'에서 UAM 시장이 2020년부터 2040년까지 매년 30%로 급성장해 미래

| 도심항공 모빌리티 시장 규모 전망 |

(단위: 억 달러)

연도	미국	중국	유럽	기타	세계
2018년	11	11	7	8	37
2020년	20	24	14	15	74
2025년	211	627	183	202	1,223
2030년	564	1,494	560	603	3,221
2035년	1,313	2,393	1,213	1,490	6,409
2040년	3,281	4,311	2,924	4,223	14,739
연평균 증가율 (2021~2040년)	29.1%	29.7%	30.4%	32.4%	30.3%

*2020년부터는 예상값

ⓒ 모건스탠리(2019)

에 유망한 새로운 시장으로 떠오를 것이라고 내다봤다. 구체적으로 2018년에 37억 달러(약 4조 9,000억 원)이던 시장이 2020년에 74억 달러(약 9조 8,000억 원)로 성장해, 2025년 1,223억 달러(약 162조 4,000억 원), 2030년 3,221억 달러(약 427조 7,000억 원), 2035년 6,409억 달러(약 851조 1,000억 원), 2040년 1조 4,739억 달러(약 1,957조 3,000억 원)에 이를 것이라고 전망했다. 중국과 미국 시장이 빠르게 성장하고 유럽이 그 뒤를 뒤쫓을 것으로 예상했다.

국내에서도 수치는 다르지만 UAM이 빠르게 성장할 것으로 예상했다. 국토교통부의 한국 UAM 로드맵에 따르면, 글로벌 시장 규모는 올해 61억 달러(약 8조 1,000억 원) 규모에서 2025년 109억 달러(약 14조 4,700억 원), 2030년 615억 달러(약 81조 6,700억 원)로 급성장해 2040년에는 6,090억 달러(약 808조 7,500억 원) 수준이 될 전망이다. 국내 시장은 2040년에 13조 원 규모로 성장할 것으로 보인다.

회계·컨설팅 기업인 삼정KPMG는 2030년에 세계에서 매년 1200만 명이 도심과 공항을 오가는 셔틀 노선으로 UAM을 이용할 것으로 전망했다. 또 2040년 즈음에는 도심 출퇴근 노선이나 항공택시까지 활용 범위가 확대되면서 2050년에는 1년 이용자가 4억 4500만 명에 달할 것으로 내다봤다.

▶ 미국·중국·EU, 치열한 주도권 경쟁

현재 세계적으로 UAM에서 가장 앞선 나라는 미국과 유럽연합(EU), 중국이다. 제도와 정책 부문에서는 미국과 EU가, 기체 개발 부문에서는 중국이 빠른 움직임을 보이고 있다. 미국은 민간기업을 중심으로 2024년 UAM 상용화를 기대하고 있다. NASA가 주축이 되어 PAV 연구를 시작해온 미국은 지속적으로 연구개발 투자에 나서며 기반 기술을 확보해가고 있다.

하지만 초기에 대중교통수단보다 개인용에 초점을 맞춰 다른 나라보다 일찍 나선 것에 비해 상대적으로 속도가 더딘 편이다. 최근 중국에 쫓기며 주도권 경쟁을 벌이고 있는 미국은 중국과의 경쟁에서 이기기 위해 그동안 NASA를 중심으로 한 정부 주도 연구개발 방식을 포기하고, 조비 에비에이션과 알라카이, 베타 테크놀로지 같은 민간기업이 주도하는 방식으로 정책을 바꿨다. 민간업체의 기체 개발을 비롯해 항공관리시스템과 통합 실증, 감항 기준(VTOL 같은 기체가 비행하기에 적합한 안전성과 신뢰성을 갖추는 기준), UAM 인증시스템처럼 UAM 상용화에 필요한 다양한 부문에서 연구개발비 지원과 투자에 나서며 적극적으로 UAM 산업을 육성하고 있다.

미국은 조비 에비에이션과 베타 테크놀로지 같은 기업 15개와 협업해 3~8명을 태우고 시속 160km 이상으로 1시간 넘게 비행할 수 있는 기체를 2023년 출시할 계획이다. 2024년 UAM 상용화를 목표로 하고 있는 조비 에비에이션은 2022년 5월 미국연방항공국(FAA)으로부터 '파트 135' 항공 운송업 승인을 받았다. UAM 상업 운영을 허락받은 셈이다. 2023년 초에는 미국 국방부에 7,500만 달러(약 990억 원)에 달하는 전기동력 수직이착륙 비행기(eVTOL) 납품 계약을 따냈다. 미국은 공군이 민간기업의 비행기에 대해 기체

세계적으로 미국, 유럽연합, 중국 등이 UAM 분야에서 주도권을 잡기 위해 경쟁을 벌이고 있다. 그림은 전기동력 수직이착륙 비행기(eVTOL).

테스트와 안전성 인증, 전문인력을 지원하는데, 이를 통과한 비행기가 나오면 일정 물량을 구매해 민간기업이 빠르게 상용화할 수 있도록 돕는다. 조비에비에이션이 개발한 5인승 eVTOL은 한 번 충전하면 241km를 최대 시속 322km로 운행할 수 있다.

▶ 드론 시장 압도적 1위 중국

EU는 2016년부터 시작한 2단계 '유럽 차세대 항공관제 시스템(SESAR)' 사업을 통해 UAM 실증사업 지원을 시작했다. 2008년부터 시작한 항공 산업 개선 프로젝트에 드론과 PAV 같은 소형 비행기까지 포함하며 광역관리 시스템 개발사업으로 확장했다. 이에 유럽항공안전청(EASA)은 2019년부터 신개념 항공기인 eVTOL와 PAV를 기존 항공기와 별도로 분류하며 새로운 감항 기준을 마련했다. 또 새로운 인증기준과 함께 이착륙장 운영, 조종사 면허 등에 대한 규제도 마련하고 있다. 특히 EASA는 세계 최초로 무인항공시스템(UAS)을 통합하기 위한 규제 패키지도 마련하고 있다.

EU에는 업계 선두주자로 통하는 독일의 볼로콥터가 있다. 볼로콥터는 2022년 3월 프랑스 파리 인근에서 사람을 태우고 시험 비행에 성공했다. 볼로콥터의 2인용 에어택시 '볼로시티'는 1회 충전에 최고 시속 110km로 35km를 비행할 수 있다. 이는 인천공항에서 광명역 KTX 정류장까지 20분만에 이동할 수 있는 수준이다.

독일 기업 릴리움은 2024년에 eVTOL '릴리움 제트'로 상업용 택시 서비스 시범 운행을 목표하고 있다. 회사는 독일과 미국 플로리다주, 브라질 등에서 시험 운행을 하며 2030년에 널리 보급할 계획이다. 이를 통해 지방에 거주하고 있는 사람도 언제든지 도시로 출퇴근할 수 있을 것으로 내다보고 있다.

중국은 상용 드론 시장에서 압도적 세계 1위를 자랑할 정도로 기술력과 시장지배력을 확보하고 있다. 2020년 기준 상용 드론 제조기업 세계 1위와 2위가 중국 기업으로, 1위인 DJI의 시장점유율이 70~80%에 달할 정도다. 하지만 최고행정기관인 국무원이 미국이나 EU 등과 비교해 상대적으로 UAM에 대한 국가전략이 없다고 지적받을 정도로 준비가 소홀했다가 최근 UAM 산업 개발을 국가전략으로 올리며 관련 정책과 표준 개발에 발 빠르게 나서고 있다. 중국 민용항공국은 베이징시 옌칭구, 상하이시 진산구, 저장성 항저우시, 쓰촨성 쯔궁시 같은 13개 도시 지역을 실험 지역으로 선정한 뒤, 무인비행 서비스를 시험 운영할 수 있도록 허가하고 있다. 이를 통해 관련 기업들은 UAM 기술 개발과 상용화에 속도를 내고 있다.

중국 전기차업체 샤오펑의 자회사인 샤오펑후이텐의 플라잉카 X2가 2022년 10월 두바이에서 무인 자율주행 방식으로 시연 비행을 선보였다. 탄소섬유 구조를 채택한 X2는 승객 2명을 태울 수 있다. 무게가 560㎏으로 전기로 나는 X2는 최고 시속 130㎞, 한 번 충전하면 35분 날 수 있다. 샤오펑후이텐은 기업을 대상으로 모빌리티 서비스를 제공하는 추세와 달리 개인을 위한 플라잉카 제품을 고수하고 있다. 개인 비행과 응급 구조, 공중 관광 등을 주요 용도로 하는 플라잉카 양산을 목표하고 있다.

중국 지리자동차도 2017년부터 플라잉카 사업을 시작했다. 지리자동차는 먼저 미국 플라잉카 개발회사인 테라푸지아를 인수한 뒤, 중국 드론 스타트업과 합병해 에어로푸지아를 세워 플라잉카 연구개발에 집중하고 있다. 산업용 드론을 양산하고 있는 에어로푸지아는 2022년 최고 시속

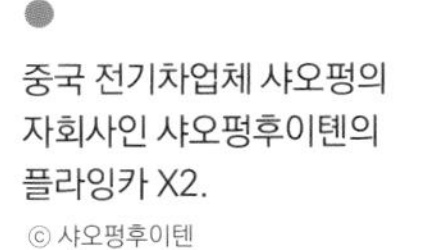

중국 전기차업체 샤오펑의 자회사인 샤오펑후이텐의 플라잉카 X2.
ⓒ 샤오펑후이텐

100km로 나는 2인승 플라잉카를 선보였는데, 2025년에 양산 모델을 출시할 계획이다.

일본은 2018년 항공모빌리티 혁명을 위한 민관협의회를 발족한 뒤, 2019년 시험 비행과 실증시험을 시작해 2030년 완전 실용화를 이룬다는 목표를 담은 '항공 모빌리티 혁명 로드맵' 발표했다. 가티베이터(Cativator), 스카이드라이브(SkyDrive) 같은 eVTOL 제조업체, ANA, 에어엑스(AirX) 같은 모빌리티 서비스 업체가 경제산업성과 국토교통성 지원을 받으며 UAM 산업 발전을 도모하고 있다.

▶ 선진국에 2~3년 뒤진 한국

우리나라는 UAM 선진국에 비해 2~3년 정도 뒤진 것으로 알려져 있다. 인프라를 제외한 모든 부문에서 기술 수준이 최고기술국보다 70%에 못 미치는 수준이다. 이를 따라잡기 위해 빠른 기술 개발이 필요한 상황이다. 특히 센서와 항법, 소프트웨어(SW), 충돌 회피 등 자율비행 기술과 UAM 통합 교통관리, 운항정보 수집 분석·공유 시스템 등 운영 자동화와 데이터 활용 통합 시스템 관련 기술 개발이 시급하다. 자율비행 기술은 선도국과 비교해 60% 수준이며, 동력·추진시스템도 배터리 같은 동력원을 제외하면 70% 수준이다.

이에 우리나라는 국토교통부의 주도 아래 서울시와 부산시 등 지자체와 민간기업이 협력하며 빠른 속도로 실증사업을 추진하고 있다. 국토교통부는 2020년 K-UAM 로드맵을, 2021년 K-UAM 기술로드맵을 각각 발표하고, 민·관·학·연 협의체인 UAM 팀코리아(UTK)를 운영하고 있다. 또 2022년에 발표한 '12대 국가전략기술' 첨단모빌리티 분야에 '2025년 도심항공교통 상용화'를 포함시켰다.

K-UAM 로드맵에 따르면 우리나라는 2024년까지 UAM에 대한 제도 정비와 시험실증을 마치고, 2025년에 일부 노선을 대상으로 상용화를 시작해 2030년부터 비행노선을 확대하며 본격적인 상용화에 나서고, 2035년부

터 자율비행과 이용보편화를 통해 안정적으로 UAM 서비스를 운영한다는 계획이다. 2030년 이후 본격적인 상용화를 위해서는 인구가 밀집한 도심에서의 운항 안전성과 편의성, 연결성, 경제성 등을 충분히 고려한 제도와 신기술, 비즈니스 모델도 개발해야 한다.

국토교통부는 2023년 8월부터 2024년 말까지 전남 고흥 일대에서 UAM 시범운용에 나서는 1단계 실증사업을 시작한다. 이에 따라 기업과 지자체 등 관련 기업과 기관들이 바쁜 움직임을 보이고 있다. 국토교통부는 2024년 7월부터 2단계로 수도권 도심에서 UAM을 선보일 계획이다.

국토교통부에 따르면, 총 35개사가 대한항공·인천공항 컨소시엄, UAM조합 컨소시엄, 현대차·KT 컨소시엄, K-UAM 드림팀, UAM 퓨처팀, 롯데 컨소시엄, 대우건설·제주항공 컨소시엄 등 7개 컨소시엄을 구성해 한국형도심항공교통 실증사업(K-UAM 그랜드챌린지)에 참여하고 있다. 이 실증사업은 각각 기체 제작·도입과 운항, 교통관리, 버티포트(UAM용 이착륙장) 건설까지 포함하고 있다.

각 컨소시엄마다 자신들만의 강점을 내세우고 있지만, 실제 실증에 나서면 핵심 기술인 기체와 통신기술을 활용한 운영 능력에 의해 판가름 날 가능성이 크다. 특히 안정성을 담보해야 하는 기체는 아직 상용화된 사례가 없기 때문에 실증사업에서 안전하고 우수하다는 평가를 받으면 향후 UAM 시장을 선점하며 주도권을 가져갈 확률이 높다.

먼저 대한항공·인천공항 컨소시엄과 현대차·KT 컨소시엄은 한국항공우주연구원이 개발한 1인승 'OPPAV'를 활용한다. 이 기체는 한 번 뜨면 50km 이상을 시속 200km로 날 수 있다. K-UAM 드림팀은 미국 조비 에비에이션이 개발한 5인승 'S4'을 이용한다. S4는 한 번 뜨면 시속 320km를 넘는 속도로 320km 이상을 날 수 있다. UAM조합 컨소시엄은 독일 오토플라이트(Autoflight)가 개발한 4인승 '프로스페리티(Prosperity)'로 실증사업에 나서는데, 이 기체는 시속 200km 속도로 250km가량을 날 수 있다.

UAM 퓨처팀은 5인승에 시속 241km로 161km가량을 나는, 영국 버티컬 에어로스페이스가 만든 'V4X'를 쓴다. 롯데 컨소시엄은 5인승에 시속 282km로 한 번 뜨면 130km가량을 나는, 캐나다 전트(Jaunt)가 제작한 '저니(Journey)'로, 대우건설·제주항공 컨소시엄은 5인승에 시속 270km로 460km가량 나는, 미국 베타사가 개발한 '알리아(ALIA) 250'으로 실증에 나선다.

| K-UAM 그랜드챌린지 컨소시엄별 기체 현황 |

대한항공 · 인천국제공항공사 컨소시엄/현대자동차 · KT 컨소시엄 OPPAV(한국항공우주연구원) 1인승 최대이륙중량 650kg 순항속도 시속 200km 항속거리 50km 이상	**UAMItra 컨소시엄** Prosperity(Autoflight 사) 독일, EASA 인증신청 4인승 최대이륙중량 1500kg 순항속도 시속 200km 항속거리 250km	**K-UAM 드림팀 컨소시엄** S4(Joby Aviation 사) 미국, FAA 인증신청 5인승 최대이륙중량 2177kg 순항속도 시속 322km 항속거리 321km
UAM Future팀 컨소시엄 VX4(Vertical Aerospace 사) 영국, CAA-UK 인증신청 5인승 최대이륙중량: 발표예정 순항속도 시속 241km 항속거리 161km	**롯데 컨소시엄** Journey(Jaunt 사) 5인승 최대이륙중량 2722kg 순항속도 시속 282km 항속거리 129km	**대우건설 · 제주항공 컨소시엄** ALIA 250(Beta 사) 미국, FAA 인증신청 5인승 최대이륙중량 2721kg 순항속도 시속 270km 항속거리 463km

실증사업과 별개로 주요 기업에서는 앞으로 시장이 커질 UAM 기체 제작에도 적극 나서고 있다. 2022년 11월에는 국내 중소기업이 만든 UAM 기체로 처음 비행 시연 행사가 열리며 국산화에 대한 기대감을 높였다. 국내 기업인 브이스페이스와 볼트라인이 각각 제작한 UAM 기체가 이날 비행 시

브이스페이스가 제작한 UAM 기체의 시연 비행 모습.
ⓒ 브이스페이스

연을 했다.

브이스페이스가 제작한 UAM 기체는 최대 이륙 중량이 250kg, 최고 시속 95km, 비행시간은 15분이다. 함께 선보인 볼트라인 기체는 최대 이륙 중량이 300kg, 최고 시속 90km, 비행시간은 20분이다. 특히 브이스페이스는 전기차와 배터리를 제조하는 브이엠코리아 자회사로, 한화에어로스페이스와 LIG넥스원 등에 드론용 배터리를 공급하고 있다.

▶ 국내 UAM 시장 주도할 현대차·한화

중소기업에서 먼저 UAM 기체로 시험 비행을 선보였지만, 업계는 국내 UAM 기체 시장을 주도할 기업으로 현대차그룹(이하 현대차)과 한화그룹(이하 한화), 한국항공우주산업(KAI)을 꼽고 있다. 현대차와 한화는 실증사업에 참여하는 각각의 컨소시엄에서 핵심 기업으로 사업을 주도하고 있으며, KAI는 일부 컨소시엄과 협력해 기체를 공급할 예정이다.

이 중 가장 적극적인 기업은 현대차다. 2025년까지 60조 1,000억 원을 투자해 UAM을 포함해 자율주행과 수소연료전지 중심의 스마트모빌리티 솔루션 기업으로 거듭날 계획이다. 세계적으로 UAM 강자가 등장하지 않은 상황에서 적극적으로 투자해 초기 시장에서 주도권을 잡겠다는 생각이다. 국내 유일의 위성사업자 KT와 주식을 맞교환하는 등 강력한 우군을 확보하며 시장 확대에도 속도를 내고 있다. 꾸준히 인재를 영입하며 역량 강화에도 힘쓰고 있다.

미국항공우주국(NASA) 항공연구총괄본부장을 역임한 신재원 박사가 현대차그룹에서 UAM을 포함한 AAM(미래항공모빌리티) 본부를 이끌고 있다.
ⓒ 현대차그룹

현대차는 2019년 UAM 핵심기술 개발과 사업 추진을 전담하는 UAM 사업부를 새롭게 만들었으며, 2022년 초에는 AAM(Advanced Air Mobility, 미래항공모빌리티)본부로 격상했다. AAM은 도심 항공 모빌리티(UAM)와 지역 간 항공 모

빌리티(RAM, Regional Air Mobility)를 모두 포함하는 개념으로, 현대차는 두 영역의 항공 모빌리티 사업에 도전하고 있다. 비행거리가 늘어나는 만큼 한층 더 높은 수준의 기술력과 관제시스템이 필요하다.

현대차에서 AAM사업을 이끄는 핵심 인물에는 2019년 9월 현대차에 입사한 미국 항공우주국(NASA) 출신 미래항공 전문가인 신재원 박사가 있다. 신재원 박사는 현대차에서 UAM 사업부를 신설할 때 담당 부사장으로 영입됐고 이듬해 사장으로 승진했으며, 현재 AAM본부장으로 입사 후 4년째 관련 사업을 총괄하고 있다. 신 박사는 2008년 동양인 최초로 NASA의 모든 항공연구와 기술개발을 관리하는 항공연구총괄본부장에 오르기도 했다.

현대차는 세계 최대 IT · 가전 전시회인 'CES 2020'에서 글로벌 모빌리티 기업인 우버(Uber)와 협업해 UAM 기체 'S-A1'을 선보였다. 조종사를 포함해 5명이 탈 수 있는 S-A1은 동체 10.7m, 날개 15m의 크기로 만들어졌으며 1회 충전으로 100km까지 비행할 수 있고, 최고 시속 290km로 날 수 있다. 초기에는 조종사 도움을 기반으로 상용화에 나서지만, 장기적으로는 자율비행 기술을 활용해 조종사 없이 자율비행할 수 있게끔 발전시킨다는 계획이다.

현대차는 S-A1 상용화 시기를 2028년으로 잡고 있다. 세계적으로 볼 때 상용화 시기가 느린 편이다. 이에 대해서 현대차는 앞서가기보다 시장이

CES 2020에서 선보인 현대차의 UAM 'S-A1'. 현대차가 글로벌 모빌리티 기업인 우버와 협업한 결과다.
ⓒ 현대차그룹

형성된 뒤 안전하면서도 수익성 있는 사업으로 이끌어간다는 전략이라고 설명했다.

▶ 미국 업체와 손잡은 한화, UAM 독자 모델 개발하는 KAI

한화에서는 방산 전문기업인 한화시스템을 중심으로 한화에어로스페이스 등이 UAM 사업을 추진하고 있다. 2019년 7월 국내 기업 최초로 UAM 시장 진출을 선언한 한화시스템은 2020년 2월부터 미국의 오버에어와 함께 UAM 기체 '버터플라이' 공동개발에 나서며, UAM 사업 확장에 박차를 가하고 있다. 특히 기체 개발과 더불어 항행·관제 솔루션, 기존 교통체계와 연동 등을 추진하며 항공 모빌리티 플랫폼 구축을 동시에 진행하고 있다. 현대차보다 투자 규모 등에서는 밀리지만 시기적으로나 사업 규모에서는 앞선다는 평이다.

한화는 현재 기존 틸트로터 기체보다 최대 5배 효율을 자랑하는 오버에어의 최적 속도 틸트로터(OSTR) 특허기술을 바탕으로 UAM 기체 버터플라이를 설계하고 있는 것으로 알려진다. 2023년 가벼운 복합재에 OSTR 기술 등을 적용한 버터플라이 실물 크기 기체로 시험 비행에 나선 뒤, 2024년까지 개발을 마친다는 계획이다. 아울러 2025년에 서울 · 김포 노선 시범운

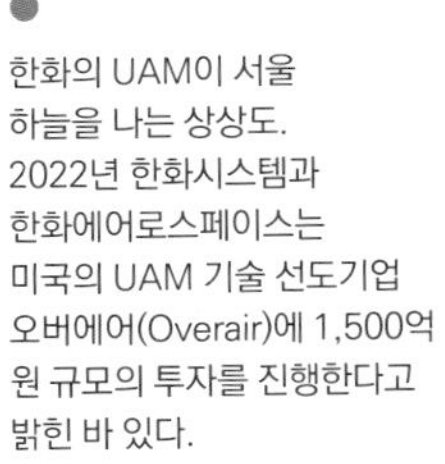

한화의 UAM이 서울 하늘을 나는 상상도. 2022년 한화시스템과 한화에어로스페이스는 미국의 UAM 기술 선도기업 오버에어(Overair)에 1,500억 원 규모의 투자를 진행한다고 밝힌 바 있다.
ⓒ 한화시스템

행을 시작하고, 미국 연방항공청(FAA) 인증도 획득할 예정이다.

조종사 포함 5명이 탈 수 있는 버터플라이는 최고 시속 320km로 30여 분 동안 비행할 수 있다. 이 속도면 서울에서 인천까지 20분 안에 이동할 수 있다. 10분 안에 고속으로 충전할 수 있고, 비행 소음은 65db(데시벨)로 헬리콥터와 비교해 15db가량 낮은 수준이다. 원격 조종이나 자율비행 시스템을 도입해 장기적으로 조종사 없이 비행한다는 계획이다. 버터플라이의 틸트로터는 기존 헬리콥터와 달리 대형 로터 4개가 전방과 후방 날개에 장착된다. 이륙할 때는 수직으로 사용하고 운항할 때는 방향을 바꿔 수평으로 사용할 수 있어 적은 에너지로 장시간 운항할 수 있다. 특히 4개 틸트로터 중 한 프로펠러나 로터가 고장 나도 안전하게 이착륙할 수 있다.

한화는 UAM 사업을 비롯해 위성통신 사업 투자에도 적극적이다. 저궤도 위성통신에 5,000억 원, 에어모빌리티에 4,500억 원을 각각 투자하며, 저궤도 위성통신체계를 구축하고, 에어모빌리티 기체와 인프라, 관제 서비스, 항공물류 서비스도 적극 투자한다는 방침이다. 현대차가 KT와 협력해 교통 관리 · 관제 시스템 강화에 나선 것처럼 한화는 저궤도 위성통신 기술을 활용해 교통 관리·관제 시스템을 고도화한다는 전략이다.

KAI도 UAM에 자신 있게 뛰어들고 있다. KAI 관계자는 국내에서 UAM을 가장 잘 아는 업체는 KAI라며 KAI는 UAM 기체 개발에 필요한 전

한화시스템의 UAM 기체 '버터플라이'
ⓒ 한화시스템

체 기술의 70%를 이미 보유하고 있다고 자신감을 피력했다. 현대차나 한화가 UAM 전체 시장에서 90% 이상을 차지하는 건설과 운항, 금융·보험 같은 서비스나 인프라에 수조 원대에 달하는 투자를 해야 하는 반면, KAI 기체 중심으로 투자하며 기술력을 발휘하면 된다는 설명이다. 이런 특성에 KAI는 직접 UAM 사업을 주도하기보다 일부 컨소시엄 참여 또는 협력 수준에서 기체 중심 사업을 추진하고 있다.

KAI는 2025년까지 보유한 기존 항공 기술과는 다른 전기 분산추진·소음 제어 등 UAM 특화 기술 확보에 주력한 뒤, 2029년까지 UAM 독자 모델을 개발한다는 계획이다. 2024년까지 실제 크기의 40% 정도로 UAM 축소기를 만들어 시험하며 단계적으로 수준을 향상시킨다는 전략이다.

▶ 상용화에 적극적인 부산·서울·제주

UAM 조기 상용화를 위해 국내 UAM 컨소시엄과 주요 지방자치단체(이하 지자체)도 협력을 활성화하고 있다. 서울시를 비롯해 부산시, 제주도처럼 도시화 부작용이 심하거나 스마트시티 등 새로운 형태의 도시를 필요로 하는 지자체일수록 UAM 사업 추진이 활발하다. 공항과 도심을 연결하는 미래 교통수단으로 UAM이 최적이라는 판단에서다. 이에 따라 비행기와 UAM, 대중교통, 숙소로 이어지는 모빌리티 플랫폼 구축이 빨라질 전망이다.

가장 적극적인 지자체는 부산시다. 국내 최초로 UAM 상용화를 위한 지·산·학·연·군 협력체계를 구축해, UAM 산업생태계 조성과 2026년 UAM 1개 노선 초기 상용화를 목표로 실증사업을 추진하고 있다. 구체적으로 카카오모빌리티, LG유플러스 등으로 구성된 'UAM 퓨처팀' 컨소시엄에 참여한 부산시는 부산 UAM 상용화와 생태계 육성을 위해 민간과 협업하고 있다. 부산 UAM 회랑 실환경 비행 연구, 권역별 버티포트 입지 조건과 운용조건 연구 등처럼 부산시 UAM 상용화를 위한 기초 연구에 본격적으로 착수한 상태다. 특히 2030년 부산엑스포 유치에 나서고 있어, 엑스포 유치에

성공한다면 부산시에서 진행하는 UAM 사업에 세계가 주목할 수 있어 확장 가능성도 매우 높은 편이다.

서울시는 국토부 등과 함께 협력하며 상용화 시범노선 운영과 대규모 개발지구 내 버티포트 설치 등을 추진해 2025년 상용화 시점에 맞춘 UAM 기반을 조성할 예정이고, 서울형 UAM 도입 기본계획을 통해 세부 사업 계획을 구체화하고 있다. 인천시는 인천국제공항을 기점으로 한 국내 최초 UAM 상용화 노선 구축에 도전하고 있다. 현실적으로는 서울시와 협력하며 UAM 실증·특화도시를 구현할 것으로 보인다.

제주도는 SKT, 한화시스템 등이 중심이 된 'K-UAM 드림팀' 컨소시엄에 참여하고 있다. 이 컨소시엄은 2025년 제주도에서 시범 사업을 시작할 계획인데, 제주도는 제주공항과 주요 관광지를 잇는 시범운행 서비스를 위해 버티포트(이착륙장)와 UAM 교통관리 시스템 구축에 나섰다. 제주도 관계자는 제주도 시범 사업은 국내에서 가장 빠르게 전개될 수 있을 것이라면서 미국 조비 에비에이션이 참여해 실제 UAM 상용화용 기체로 가장 빨리 테스트할 수 있어 가장 앞설 수 있다고 밝혔다. UAM 기체 제조에서 가장 앞

현대차에서 도심에 마련한 버티포트의 상상도. 버티포트는 UAM의 이착륙장이다.
ⓒ 현대차그룹

선 조비 에비에이션에서 만든 기체로 시험 운항을 하면 상용화도 그만큼 안정적으로 추진할 수 있다는 설명이다.

최근 대구시는 K-UAM 드림팀과 '대구시 UAM 선도도시 조성을 위한 업무협약'을 체결했다. 이 협약은 K-UAM 드림팀 컨소시엄이 경북 군위군에 조성 예정인 '대구경북통합신공항(가칭)'과 대구 도심을 연결하는 미래 모빌리티 생태계를 구축하고 UAM 활성화에 참여함을 골자로 한다.

▶ UAM 생태계, 도시의 혁신 성장을 이끈다

기대가 큰 만큼 구현하기까지 어려움도 적지 않다는 것이 전문가들 의견이다. eVTOL은 이착륙 시 순간에 고출력 에너지가 필요하고, UAM 서비스를 원활하게 도입해 경제성을 확보할 수 있을 정도로 이용자를 확대하려면 안전한 비행 기술과 충분한 운항거리, 소음 저감 기술이 필수다.

게다가 현재까지 국내 기업 움직임과 정부 정책을 보면 당분간 eVTOL의 핵심기술뿐 아니라 부품과 장비, UAM에 필요한 핵심기술까지도 거의 모두 외국 기술에 의존할 가능성이 매우 높아 보인다. 국내 UAM 산업이 세계에서 경쟁력을 확보하려면 경량 전기추진시스템, 경량 복합재처럼 파급효과가 큰 UAM 핵심기술을 국산화하고 상용화할 수 있도록 국내 산업 경쟁력 강화에 정부가 적극 나서야 한다.

무엇보다 국민이 UAM 기술을 쉽게 받아들이고 이용할 수 있어야 한다. 회계·컨설팅 기업 딜로이트가 시행한 설문조사에 따르면 'UAM이 안전하지 않을 것'이라는 응답이 전체의 48%를 차지했다. 또 한국교통연구원 조사에서도 응답자의 40%가 안전성 때문에 이용하지 않겠다고 답했다. 아무리 좋은 기술이라도 이를 이용자들이 안전하다고 받아들이지 못하면 상용화는 불가능해진다. 특히 도입 초기에는 다양한 실수나 잘못으로 인한 사고가 발생할 가능성이 높다. 충분한 보상 체계와 다양한 체험 프로그램 등을 통해 국민이 이용할 만한 서비스로 자리매김할 수 있는 방안도 필요하다.

UAM은 산업 간 융합과 비즈니스 혁신을 통해 새로운 가치와 시장을 창출하고, 기존 모빌리티 생태계에 균열과 혁신을 부를 것으로 보인다. UAM은 단순히 속도가 빠른 교통수단의 등장을 넘어, 스마트시티와 결합해 새로운 생태계를 구축하며 도시의 다양한 기능을 효율적으로 통합하고, 이를 바탕으로 국민 삶의 질 향상과 도시의 지속 가능한 발전을 추구하는 방향으로 나아갈 가능성이 높다.

특히 UAM을 스마트시티 통합 플랫폼과 연계하면 국민에게 또 다른 혁신 서비스를 제공할 수 있다. 예를 들어 도시 데이터와 연계해 각종 재난이나 응급의료 상황에 UAM을 연계할 수 있다. 이를 통해 도시 문제 해결을 넘어 새로운 발전과 혁신 성장을 이끌 수 있다. 여기에 민첩하게 대응하고 준비하는 기업이 많아질수록 국가의 미래 경쟁력도 함께 성장할 수 있을 것이다. UAM이 만들어낼 미래 도시가 자못 기대된다.

7

ISSUE 7 보안

도청

정경찬

방송통신대 영상학과를 졸업하고 '군사세계'의 해외기술 담당 기자 및 '이미지프레임'의 군사서적 전문 편집자로 일했다. 현재 '우라웍스'의 영상 콘텐츠 시나리오 작가이자 《월간 밀리터리 리뷰》, 《플래툰》의 객원 기자로 활동하고 있다. 『미래 지상전투시스템과 신개념 무기』, 『한국 해군의 수상전투함과 최신 수상함 기술』 등을 공저했다.

도청, 어디까지 가능할까?

전문가가 도청장치를 탐지하고 있다. 이를 '버그 스위핑(bug sweeping)'이라고 한다.
ⓒ Rohde & Schwarz PR100 브로셔

2023년 4월 8일, 주요 국제 언론 매체들은 대량의 미국 국방부 기밀문서들이 온라인에 유포되었다는 내용을 대대적으로 보도했다. 이 기밀 유출 사건은 기밀 취급 허가를 받은 주방위군 일병이 자기 과시를 위해 업무 중에 취급하는 미국 국가안보국(NSA)의 기밀문서들을 개방된 인터넷 커뮤니티 채널에 유포하면서 벌어졌다.

사소한 원인으로 시작되었지만 규모가 큰 이 보안사고는 유포된 NSA

기밀문서 가운데 미국 정보기관이 한국의 국가안보실 회의를 도청해 작성한 내용도 포함되어 있다는 사실이 밝혀지면서 한국에서도 커다란 논쟁의 원인이 되었다. 한국 국가안보실 도청에 대한 국내의 논쟁은 주로 동맹국인 미국이 한국의 최고 기밀 회의를 몰래 엿들었다는 국제 외교적 관점에 초점을 맞췄지만, 일부 보안 전문가들은 최고 수준의 기밀로 취급되는 국가안보실 회의가 도청을 당했다는 사실 그 자체에 주목해야 한다고 주장했다.

국가의 가장 중요한 기밀을 다루는 국가안보실 회의는 도청을 막기 위해 가장 강력한 도청 방지 기술을 적용하도록 규정되어 있다. 따라서 미국의 기밀문서 유출은 한국이 국가안보실 회의에 적용한 보안장벽이 돌파당했거나, 보안장벽 자체를 제대로 사용하지 못했음을 의미한다. 그리고 이런 보안의 허점은 그것을 활용할 기술이 있다면 미국이 아닌 다른 국가의 정보기관이나 기업, 기타 단체도 사용할 수 있기 때문에 반드시 정밀한 점검을 통해 허점을 파악하고 더 이상 도청에 사용하지 못하도록 막는 것이 보안의 기본 원칙이다.

이런 지적이 제기되면서 국내에서도 도청 기술에 대한 관심이 크게 늘어났다. 그렇다면 미국은 어떤 기술을 사용해서 국가안보실 회의를 도청했을까? 최신 도청 기술은 어디까지 발전했고, 어떻게 작동할까?

▶ 국가기관의 도청이 아니면 모두 불법

도청은 누가 도청을 하는가, 도청 대상은 누구인가에 따라 매우 복잡하게 구분된다. 먼저 도청을 하는 실행자에 따라 크게 세 가지 유형으로 구분한다. 국가기관에 의한 공공 영역의 도청, 그 밖의 조직이나 단체에 의한 불법적 도청, 그리고 개인이 실행하는 도청 정도로 나눌 수 있다.

국가기관의 도청은 다시 정보기관이나 수사기관의 도청으로 구분된다. CIA나 국가정보원과 같은 정보기관들은 국가나 사회를 보호하거나 이익을 제공하기 위한 정보수집 수단으로 도청 기술을 사용한다. 최근 화제가 된 미국의 한국 국가안보실 도청 사건도 이런 사례에 속한다. 대통령이나 총

차폐 텐트 내에서 기밀 대화를 하는 오바마 전 미국 대통령.
ⓒ White House Archive

리, 장관 같은 고위직은 도청으로 중요한 국가 정보가 누출되지 않도록 항상 강력한 도청 방지 대책을 사용하기 때문에 이런 목표들을 도청하려면 최신 도청 기술이 필요하다. 그래서 정보기관들은 가장 새롭고, 참신하며, 값비싼 도청 기술들을 사용한다. 다만 도청 기술의 원리를 공개한다면 도청을 차단할 기술도 쉽게 개발할 수 있기 때문에 정보기관들이 사용하는 최신 도청 기술들은 존재 자체가 공개되지 않는 경우가 많다.

반대로 경찰과 같은 수사기관의 도청은 범죄를 수사하기 위해 법적인 승인을 얻어 용의자를 대상으로 이뤄진다. 미국에서 FBI가 마피아나 마약 밀매 조직을 추적하기 위해 휴대전화를 감청하는 것이 이런 유형의 도청이다. 수사기관이 도청하는 범죄자들은 도청 대책을 사용하는 경우가 거의 없기 때문에 정보기관의 도청처럼 최신 도청 기술을 사용하기보다는 영장을 통해 통신사와 같은 민간기업에 합법적으로 협조를 얻는 경우가 많다. 하지만 이런 도청 수사는 개인정보를 국가가 일방적으로 살펴볼 수 있다는 점 때문에 여러 나라에서 논란의 대상이 되고 있다.

공공기관이 아닌 다른 조직이나 단체의 도청은 기본적으로 전부 불법이다. 기업의 산업스파이 활동 등이 여기에 속한다. 사적인 목적으로 도청을 하는 조직과 단체는 자체적으로 최신 기술을 개발하기보다는 이미 판매되고 있는 도청 장비를 사거나 도청 전문가를 고용하는 경우가 많아서 정보기관의 도청에 비해 기술 수준이 떨어진다.

도청 장비나 기술을 판매하는 기업이나 전문가는 홍보를 위해서라도 자신들이 사용하는 도청 기술을 고객에게 공개할 수밖에 없다. 그래서 이런 기술들에 대한 정보는 조금만 관심이 있어도 어느 정도 찾아볼 수 있다. 보안 분야의 전문가들이 아닌 일반인들에게 알려진 '최신 도청 기술'은 대부분 이런 식으로 공개된 것이다.

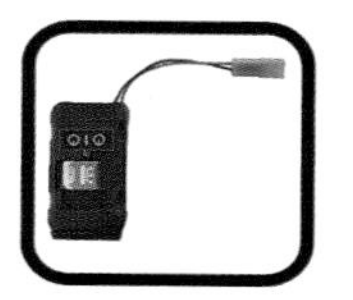

무선통신망 접속 모듈

설명서

일반인이 구매할 수 있는 도청장치의 예.
© SMT SECURITY

도청 기술은 보안 전문가들에 의해 개발되기도 한다. 도청 탐지와 대응의 전문가는 도청에 대해서도 전문가가 돼야 정확히 대응할 수 있기 때문이다. 그래서 대형 보안 연구소들은 항상 새로운 도청 기술과 거기에 대응할 도청 대응 기술을 연구하며, 연구한 정보를 보안 행사나 학술 대회를 통해 공개하고 공유한다. 원리와 대응책이 상세하게 공개되는 '새로운 도청기술'에 대한 소식들은 보통 이런 보안 연구소들의 발표자료를 인용한 것이다.

마지막으로, 소규모 집단이나 개인의 도청이 있다. 과거에는 개인이 도청용 장비를 사들이는 것이 거의 불가능했지만 전자기술이 꾸준히 발전하면서 과거에는 정보기관에서나 사용했을 법한 고성능 도청 장치를 개인이 집에서 주문하거나 부품을 사서 직접 제작할 수 있게 되었다.

개인 도청은 대부분 다른 개인이나 소규모 집단을 감시하거나, 사적 제재 혹은 절도, 강도, 스토킹과 같은 범죄에 필요한 정보를 수집하기 위해 이뤄지는 경우가 많다. 하지만 도청의 대상인 '보안 교육을 받지 못한 일반인'은 도청당하고 있다는 사실 자체를 눈치채지 못하기 때문에, 심각한 피해를 입고 나서 뒤늦게 도청당했다는 것을 알게 되는 경우가 대부분이다. 실제로 이런 개인 단위의 도청은 스파이캠(은폐된 소형 카메라)과 함께 심각한 사회적 문제로 다뤄지고 있다.

▶ 도청장치는 '버그'

그렇다면 도청에는 어떤 기술이 사용될까? 가장 간단한 방법은 도청해야 할 상대에게 마이크를 들이대는 것이다. 도청 대상이 마이크의 정체를 파악하지 못한다면 그대로 도청을 할 수 있다. 당연히 이 마이크는 최대한 눈에 띄지 않도록 숨겨야 할 것이다. 이렇게 잘 숨겨진 마이크들을 도청장치, 혹은 '버그(bug)'라고 부른다.

2000년대 이후에 급격히 발전한 전자기술 덕분에 핀처럼 작은 마이크도 또렷한 음성을 포착할 수 있게 되었다. 이런 마이크를 일상생활 중에 맨눈으로 찾아내는 것은 거의 불가능하다. 문제는 이렇게 마이크로 수집한 소리를 전달할 방법이다.

가장 확실한 방법은 마이크와 수신기를 케이블로 직접 연결하는 것이다. 과거에는 가늘고 긴 케이블을 사용해서 연결했지만, 요즘은 기술의 발전으로 통신선이나 전원에 연결되는 장치나 케이블 자체로 위장한 버그를 주로 사용한다.

2010년대 이후에 등장하는 USB 케이블형 버그, 110/220V 플러그형 버그는 컴퓨터나 콘센트에 꽂힌 상태로 작동한다. 내장된 악성 코드를 사용해 인터넷에 접속해 도청한 정보를 몰래 전송하거나 단거리 전력선 통신(Power Line Communication, PLC) 기술을 사용해 정보를 전송하기 때문에,

▶
도청용으로 제작된 케이블의 적외선 화상. 50℃ 이상으로 가열되어 있다.
© TSCM Kevin Murray

▼
마이크로 SD 카드가 들어가는 USB 케이블형 유선 버그. 미국 월머트에서 판매하는 제품이다.
© COEARSLIGHT SECURITY

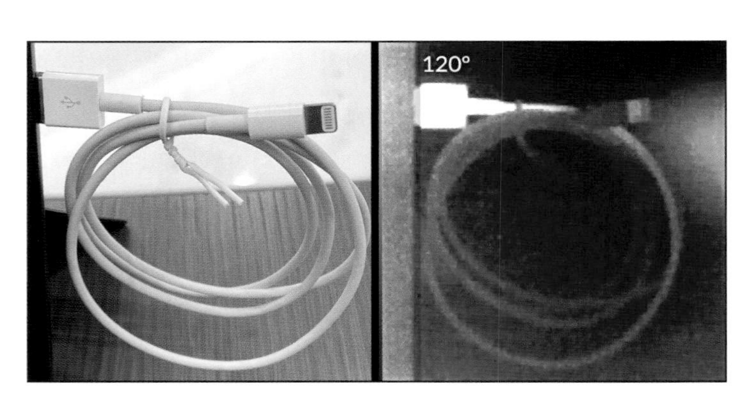

과거에 사용되던 유선 버그보다 훨씬 성능이 우수하고 찾아내기도 어렵다. 하지만 이런 방식은 전원이나 통신선과 반드시 연결해야 하기 때문에 설치할 수 있는 장소의 제약이 심하다. 그래서 다른 도청 기술에 비해 많이 사용되지는 않는다.

▶ 화재감지기나 자동차 키로 위장한 녹음기

또 다른 도청 방식은 음성 녹음이다. 외부로 신호를 전송할 방법이 없다면 버그를 현장에 설치해 음성을 기록했다가 직접 회수하는 방식으로 정보를 입수하는 것이다. 현대에는 마이크로 포착한 대화를 플래시 메모리 같은 작은 저장장치에 저장하기 때문에, 매우 작은 녹음기형 버그를 만들 수 있게 되었고 작동시간도 크게 늘어났다. 그만큼 다양한 물품으로 위장하기도 쉬워졌다.

대표적인 사례가 유명한 해외 쇼핑 사이트에서 쉽게 구입할 수 있는, 전구나 화재감지기로 위장한 버그들이다. 이 버그들은 LED 전구의 소켓이나 화재감지기의 부품으로 위장된 마이크와 마이크로 SD 카드리더 등을 사용해 수백 시간 동안 음성을 녹음할 수 있다. 모든 저장용량을 사용한 전구나 화재감지기형 버그들은 고장이 난 것처럼 작동을 멈추기 때문에, 의심받지 않고 평범한 전구 또는 화재감지기나 다른 도청 장치로 교체할 수 있다. 이런 도청장치는 외부에 아무 신호를 방출하지 않아서 숙련된 보안 전문가가 스캐너를 사용해 장비를 찾아내지 않는다면 알아내기가 매우 어렵다.

녹음기형 버그를 사용하는 또 다른 방법은 도청 대상이나 주변 인물, 혹은 목표에 침투하는 요원의 소지품으로 위장하는 것이다. 대표적인

전구로 위장한 버그. USIM 카드를 사용해 이동통신망에 접속해 도청 정보를 전송하는 방식으로 작동한다.
© SMT SECURITY

화재감지기로 위장한 버그. 단순한 구조지만 최대 70일간 작동할 수 있다.
© SMT SECURITY

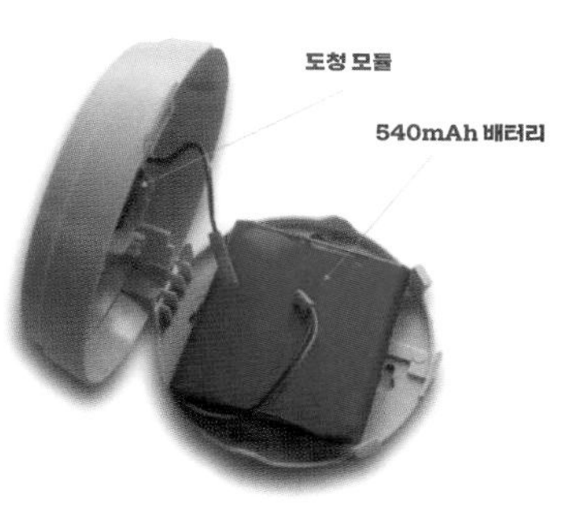

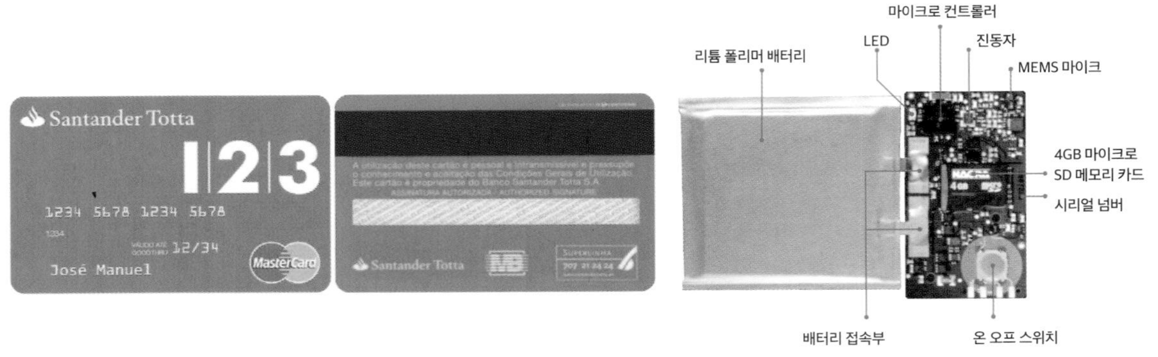

▲

신용카드형 녹음기. 두께를 제외하면 식별 자체가 거의 불가능하다.
ⓒ Nagra Kudelski

카드형 녹음기의 내부구조.
ⓒ Nagra Kudelski

사례가 USB 메모리나 자동차 키 같은 일상적인 휴대품 모양으로 제조되는 버그들이다. 이런 녹음기형 버그의 기본적인 형태는 USB 메모리나 자동차 키와 거의 동일하고 실제로 USB 메모리나 자동차 메모리로 쓸 수도 있어서 외형만 보면 도청장치라고 생각하기 어려울 것이다. 오히려 지나치게 흔해지는 바람에 소지품 검사 규정에 자동차 키나 USB 메모리에 마이크 구멍이 있는지 유심히 확인해 보라는 보안 규정이 생길 지경이다.

최근에는 신용카드로 위장한 녹음기도 많이 판매되고 있다. 스위스의 나그라 쿠델스키(Nagra Kudelski GmbH)에서 제작한 CCR(Credit Card Recorder) 같은 장비가 대표적이다. CCR은 일반적인 신분증이나 신용카드와 같은 규격으로 제작된 도청장비이며, 카드 내부에 초박형 리튬 이온 배터리와 마이크, 마이크로 SD 카드와 기판이 들어 있어서, 24시간 정도 외부의 소리를 녹음한다. CCR은 소속 정부의 승인을 얻은 정보기관이나 수사기관에만 판매되는 제품이라 외부에 정보가 거의 공개되지 않았지만, 10여 년이 지난 지금은 많은 모방 제품들이 등장해서 일반인도 구매할 수 있게 되었다.

▶ 신분증 형태의 무선 도청기

실시간으로 도청 내용을 얻어야 하지만 유선 버그를 설치할 수 없는 곳에서는 무선 버그를 주로 사용한다. 무선 버그들은 보통 외부의 전원과 연결할 수 없는 곳에 설치되기 때문에 대부분 배터리를 사용해 작동한다. 일반인들이 신원 보증을 받아서 구입할 수 있는 소형 무선 버그는 보통 4~7일 이상 작동하고, 대용량 배터리를 사용한다면 1개월 이상 작동하는 경우도 있다.

무선 버그들은 안테나의 크기와 전파의 출력이 모두 작기 때문에 무선 신호를 멀리 보내기 어렵다. 아무 장애물도 없는 공간에서는 1500~2000m 밖에서도 소형 무선 버그의 전파신호를 수신할 수 있지만, 실내에 설치된 버그의 전파를 건물 밖에서 수신한다면 수신 거리는 200~500m까지 줄어들게 된다. 전자파 차폐를 고려해 설계한 건물이라면 외부로 전파가 거의 새어 나오지 않기 때문에 건물 밖에서는 무선 버그를 쓸 수가 없다.

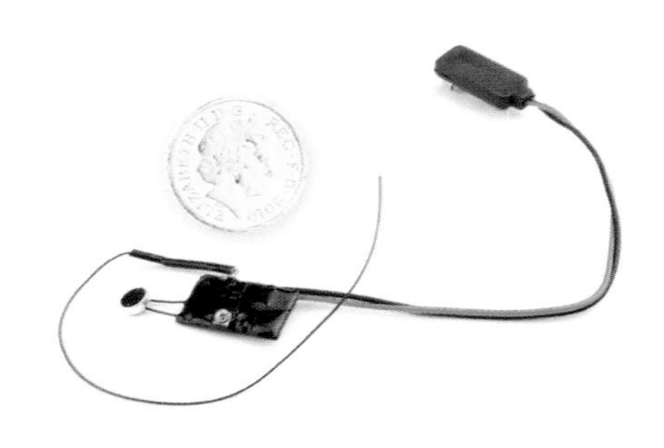

다양한 물체에 숨길 수 있는 초소형 무선 버그.
© Pluska

개인의 소지품으로 위장한 버그들도 실시간 도청을 위해 무선 송신 기능을 사용하는 경우가 종종 있다. 대표적인 사례가 CCT(Credit Card Transmitter)다. CCT는 CCR처럼 신분증이나 신용카드의 형태로 제작되며, 마그넷 라인과 IC 칩을 설치해서 평범한 카드처럼 쓸 수도 있다. 사용시간은 방출하는 전파의 출력에 따라 2~6시간으로 짧지만, 작동하지 않을 때는 일반적인 카드와 구별하기가 거의 불가능하기 때문에 찾아내기 어렵다.

▶ 공진 마이크, 도청한 대화를 배터리 없이 전파로 송신

도청한 대화를 전파로 송신하면서 배터리나 다른 전원을 사용하지 않는 기술도 있다. '공진 마이크'라고 불리는 이 장비는 콘덴서 마이크와 공진용 챔버, 긴 안테나로 이뤄져 크게 세 파트로 구성된다. 공진 마이크는 외부에서 강한 지향성 전파를 받으면 안테나를 통해 전파를 반사하도록 제작되었다. 그리고 전파를 받고 있을 때 주변에서 대화를 하면 음파가 마이크의 얇은 막(진동판)을 진동시키고, 이 진동이 마이크와 연결된 챔버의 공진 공간을 늘리거나 줄여서 반사되는 전파의 진폭을 미세하게 바꾼다. 이 반사파를 수신해서 소리로 바꾸면 마이크로 들은 것과 같은 소리를 재생하게 된다. 공진 마이크는 장치가 직접 열이나 전파를 뿜어내지 않기 때문에 찾아내기가 매우 어려운 편이다.

▶

그레이트 실 버그(Great Seal Bug) 실물.

▶▶

그레이트 실 버그(Great Seal Bug)의 공진 마이크 구조도. FBI가 제작한 것이다.

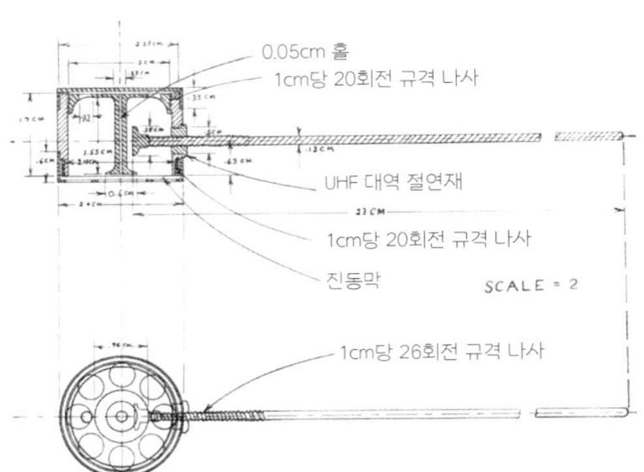

1941년에 처음 발명된 이 장비는 냉전 시절에 소련 정보기관들이 자주 사용했다. 가장 대표적인 사례는 모스크바의 미국 대사관에 설치되었던 '그레이트 실 버그(Great Seal Bug)'이다. 소련 정보기관은 보이스카우트 연맹이 미국의 주 모스크바 대사에게 선물한 독수리 모양의 목제 조각에 공진 마이크를 숨겨서 미국 대사가 하는 대화를 모두 엿들었다. 이 장치의 정체가 밝혀진 것은 수년이 지난 뒤였다.

미국인들은 곧 원리를 파악해서 비슷한 장비를 제작했지만, 도청을 할 수 있는 거리가 짧고 고출력 전자파를 방출할 때 들키기 쉽다는 문제를 해결하지 못했기 때문에 이 기술을 거의 사용하지 않았다. 하지만 2007년에는 미국의 NSA가 공진 마이크 기술을 응용한 새로운 도청장비(LOUDAUTO)를 개발했다. 이 장치는 지향성 전파를 수신하고 반사된 전파의 진폭 변화로 도청한 정보를 전달한다는 점에서 공진 마이크와 비슷하지만, 출력이 낮은 전파를 써도 작동할 수 있도록 매우 작은 배터리를 추가해 반사파를 증폭하게 했다. 이 기술을 사용하면 냉전 시절의 구형 공진 마이크보다 3~4배가량 먼 거리에서도 도청할 수 있다. 무선 버그와 공진 마이크 버그의 장단점을 결합한 도청장비라고 할 수 있다.

▶ 원거리 도청기술의 대표, 레이저 마이크

원거리 도청기술의 대표주자는 레이저 마이크다. 레이저 마이크의 기본 원리는 대화할 때 발생하는 음파로 주변의 구조물이 미세하게 진동하면, 그 진동을 포착해서 소리로 되돌리는 것이다. 여기에서 진동을 탐지하는 수단이 레이저다. 도청 대상 주변에 있는 물체에 레이저의 초점을 맞추면, 대화할 때 발생하는 미세한 진동으로 레이저 반사광의 파장이 달라진다. 이 반사광을 음성 신호로 되돌리면 대화 내용을 재생할 수 있다.

레이저를 사용하면 일반적인 소형 무선 버그의 송신 거리보다 훨씬 먼 거리에서도 대화를 도청할 수 있다. 여러 방향으로 확산되어 탐지하기가 쉬운 전파와 달리, 레이저는 좁은 영역에서 곧게 직진하기 때문에 도청이 들킬 확률도 매우 낮은 편이다.

최신형 레이저 마이크는 고출력 레이저 발진기와 원자간섭계 같은 신형 장비를 조합해서 최대 10km 이상 떨어진 곳에서도 일반적인 대화를 엿들을 수 있다. 과거에는 레이저 마이크를 사용하기 어려웠던 시끄러운 장소에서도 신호 필터링 기술을 사용해 2~4km까지는 도청이 가능해졌다.

한국에서도 이런 소형 레이저 마이크로 사업정보나 회의 내용을 엿듣는 사건이 여러 차례 발생하면서 유명한 대기업들이 레이저 도청을 막기 위해 도청방지필름을 대량 구매하게 되었다는 일화는 잘 알려져 있다. 도청방

◀◀
카메라로 위장된 레이저 마이크 'Spectra M'.
© Spectra

◀
레이저 마이크의 기본적 원리.

지필름은 여러 장의 연질/난반사 재질을 겹쳐서 레이저가 유리창의 진동을 제대로 포착하지 못하게 하기 때문에, 여기에 레이저 마이크를 사용하면 흐릿하게 웅얼거리는 소리밖에 들을 수가 없다.

▶ 새로운 도청 기술, 램폰 vs 라이다폰

최근에 개발된 새로운 도청 기술로는 램폰(Lamphone)이 있다. 2020년에 이스라엘 벤구리온대학 보안연구소가 공개한 이 기술은 실내에 설치된 물체, 특히 전등의 반사광을 전기광학 센서로 분석해서 대화를 도청한다.

램폰은 대화 도중에 발생하는 음파로 구조물의 표면에 발생하는 진동을 감지한다는 점에서는 레이저 마이크와 기본 원리가 매우 비슷하다. 하지만 레이저 마이크가 직접 레이저를 쏘고 그 반사광의 파장을 분석하는 방식이라면, 램폰은 광학신호의 변화를 고성능 카메라와 포토다이오드로 감지하고, 그것을 컴퓨터에서 신호처리해 음성 신호로 복원하는 방식을 사용한다는 점이 다르다.

벤구리온대학의 연구진들은 25~35m 거리에서 램폰을 사용해 대화를

실제 야외 환경에서 실시한 램폰 실험.
ⓒ "Lamphone : Real-Time Passive Sound Recovery from Light Bulb Vibrations"
벤구리온 대학 보안연구소, 2020

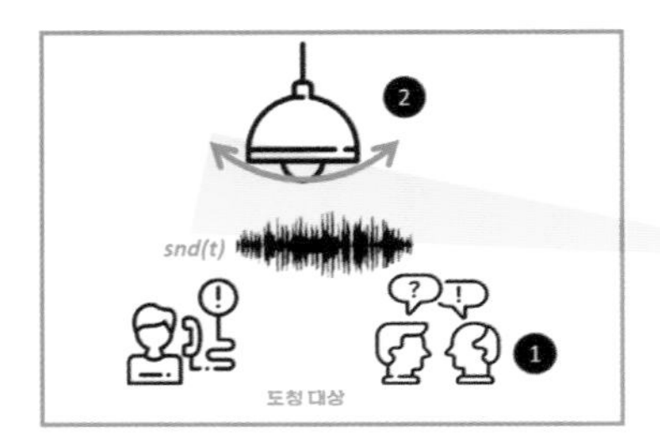

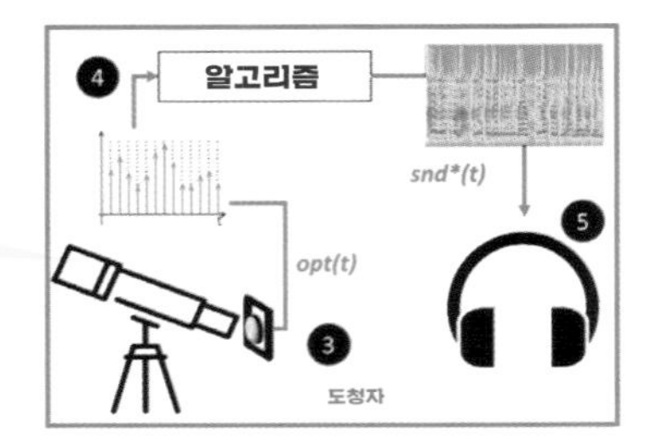

램폰을 이용한 도청의 원리. 전등의 반사광을 전기광학 센서로 분석해 대화를 도청한다.
ⓒ "Lamphone : Real-Time Passive Sound Recovery from Light Bulb Vibrations"
벤구리온 대학 보안연구소, 2020

복원하는 실험을 진행해서, 램폰이 실험실 이 아니라 실제 야외 환경에서도 작동하는 기술임을 입증했다. 하지만 거리가 멀어질수록 분석해야 할 물체의 표면도 더 작게 보이기 때문에, 고성능 망원 렌즈를 사용하더라도 먼 거리에서는 도청을 하기 어렵다는 문제가 있다. 하지만 도청거리가 짧다는 약점을 고려하더라도 다른 장점들이 매우 강력하기 때문에 무시하기 어려운 기술이다.

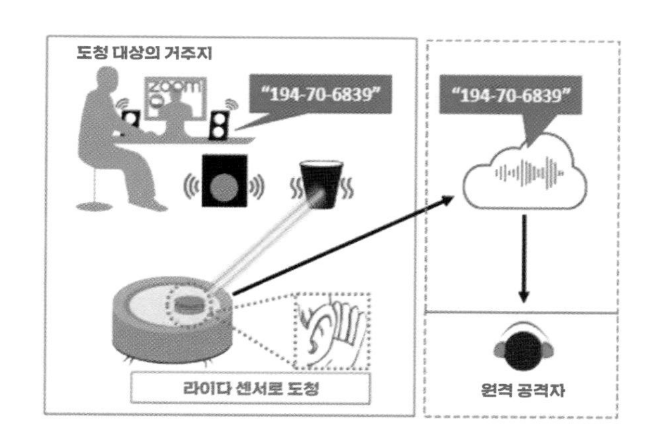

라이다폰 원리. 사물 인터넷 장비를 해킹해 도청 장치로 사용한다.
ⓒ "Spying with Your Robot Vacuum Cleaner: Eavesdropping via Lidar Sensors", National University of Singapore (2020)

최근 확산되고 있는 사물 인터넷을 활용하는 도청 기술도 여러 종류가 개발되고 있다. 그중 하나가 라이다폰(Lidar Phone)이다. 이는 인터넷을 통해 스마트 센서를 장착한 사물 인터넷 장비를 해킹하고, 관리자 권한을 얻어서 사물 인터넷 장비를 도청 장치로 사용하는 기술이다.

미국 메릴랜드대학(칼리지파크), 싱가포르국립대학 보안연구소 등은 사용자가 많은 청소 로봇의 센서, 특히 레이저레이더(라이다)에 주목했다. 라이다는 레이저를 사용해 실내의 물체를 스캔하는 용도로 사용되는 센서지만, 레이저 마이크처럼 음파로 발생하는 주변 물체의 작은 진동을 분석할 수 있기 때문에 도청용으로도 사용할 수 있다.

보안이 엄격한 곳에서는 사물 인터넷 장비를 금지하는 경우가 많기 때문에 라이다폰을 이용하는 해킹을 통한 도청이 거의 불가능하다. 하지만 일반 가정이나 사무시설에서는 사물 인터넷 장비를 사용하는 경우가 많기 때문에 라이다폰은 일반인들에 대한 도청위험이 더 큰 기술이라고 할 수 있다.

▶ 스마트폰을 '로빙 버그'로 만든다

현대에는 일상적 대화의 대부분이 무선통신망을 거쳐 이뤄진다. 사람들이 항상 사용하는 스마트폰을 감시할 수 있다면, 그 사람들의 일상 전체를 감시할 수 있게 되는 것이나 마찬가지일 것이다. 그래서 요즘은 몰래 버그를 설치하는 전통적인 방식보다는 스마트폰과 무선통신망을 감시하는 것이 도청 업무의 대부분을 차지하게 되었다.

무선도청, 혹은 스마트폰에 대한 도청은 스마트폰 도청과 무선통신망 도청으로 구분할 수 있다. 스마트폰에 대한 공격은 사물 인터넷을 통한 도청처럼 해킹을 통해 스마트폰의 제어 권한을 얻고, 스마트폰을 도청 장치처럼 활용하는 것이다. 무선통신망에 접속하는 방식의 휴대전화는 모두 통신망에 접속해 음성이나 다른 데이터를 전송하기 위한 소프트웨어를 가지고 있다. 그래서 휴대전화의 소프트웨어를 조작하는 도청 기술은 스마트폰이 본격적으로 등장하기 전부터 흔하게 사용되었다.

스마트폰용 스파이앱 패키지. 일반인이 구입할 수 있는 제품이다.
ⓒ Spyier

가장 대표적인 사례는 FBI의 도청 수사일 것이다. FBI는 법무부의 승인을 받아서 용의자의 휴대전화에 통화용 마이크의 신호를 무선통신망으로 FBI에 전송하는 소프트웨어를 몰래 설치했다. '로빙 버그(roving bug)'라고 불리는 이 기술은 2000~2004년 사이 마피아 조직원들을 체포한 뒤에 혐의를 찾고 기소하는 용도로 자주 사용되었다.

요즘 사용되는 스마트폰을 로빙 버그로 만드는 가장 흔한 방식은 RAT(Remote Access Trojans)라 불리는 스파이웨어나 악성 코드를 사용하는 것이다. 많은 RAT가 사용되고 있지만, 공개적으로 알려진 소프트웨어 중 가장 강력한 것은 이스라엘의 NSO 그룹이 판매하는 페가수스 스파이웨어일 것이다. 페가수스는 최신 스마트폰에 은밀하게 설치되어 거의 모든 기능을 조작하고 기록된 정보를 빼돌리거나 통화내용을 도청하며, 용도를 마치면 아무런 흔적도 남기지 않고 자동으로 제거되는 기능을 갖추고 있어서 보안 검사에도 거의 걸리지 않는다.

이런 고성능 RAT는 스마트폰 운용체계의 취약점을 찾아 공격하기 때문에 개발비용이 많이 들고 판매 가격도 매우 비싼 편이다. 그리고 인권침해 같은 문제를 일으킬 가능성이 높아서 정보기관이나 수사기관에만 소속 정부기관의 보증을 얻어 판매된다. 하지만 보안 전문 기자들은 페가수스의 변형이나 비슷한 소프트웨어가 범죄 용도로도 사용되고 있다고 주장한다.

최근에는 스마트폰 운용체계의 보안 기술이 많이 발전해서, 관리자 권한을 탈취한다 해도 마이크의 신호를 직접 전송하지 못하도록 차단하거나 사용자에게 경고를 보내는 기능이 추가되었다. 그래서 소프트웨어를 사용하는 스마트폰의 음성 도청 기술은 다른 센서들을 사용하는 방향으로 진화했다.

대표적인 사례가 이어스파이(EarSpy)나 스피어폰(Spearphone)과 같은 도청 기술이다. 둘 다 세부적인 원리는 다르지만, 스마트폰의 스피커 진동을 가속도계로 포착하는 방식으로 작동한다. 스피커에는 자신이 한 말과 상대가 한 말이 전부 들리기 때문에, 스피커의 진동을 가속도계가 정확하게 데이터로 만들어준다면, 그 데이터를 해석해서 대화 내용 전체를 복구할 수 있다. 가속도계가 대화를 정확히 복제할 수 있을 만큼 정밀하지는 않기 때문에 가끔 오류를 내기도 하지만, 일반적인 대화의 80~90%가량은 알아들을 수 있다.

▶ 가짜 기지국으로 무선통신망 도청

무선통신망 도청에는 스마트폰과 기지국 사이의 신호를 가로채는 방식이 주로 사용된다. 가장 대표적인 무선통신망 도청 기술은 'IMSI 캐처(International Mobile Subscriber Identity catcher)'라는 장비를 사용하는 '중간자 공격(Man-In-The Middle, MITM)'이다.

스마트폰은 안정적으로 접속을 유지하도록 전파 신호가 가장 센 기지국과 접속을 시도하게 되어 있다. 그래서 도청해야 할 단말기 주변에서 다른 기지국보다 강한 신호를 보내면 스마트폰은 가짜 기지국에 접속하게 된다. 가짜 기지국은 평범한 기지국처럼 다른 기지국으로 신호를 중계하기 때문에 통신은 정상적으로 작동된다. 그래서 도청 대상은 아무 이상을 느끼지 못하지만, 가짜 기지국은 스마트폰에서 보낸 정보를 그대로 복제할 수 있다.

IMSI 캐처 기술은 원래 기지국을 점검하는 용도로 개발되었지만, 보안의 허점을 노릴 수 있기 때문에 도청용으로도 빠르게 확대되었다. 대표적

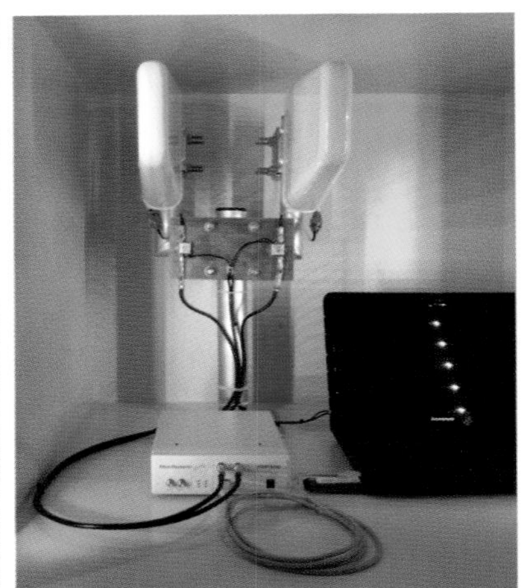

▲

IMSI 캐처가 장착된 이동감시차량.

▶

가짜 기지국으로 작동하는 IMSI 캐처.

인 시스템이 해리스 커뮤니케이션이 판매하던 트리거피시 캐처였다. 이런 IMSI 캐처는 통신사업자나 공공기관에서만 구입할 수 있는 장비였지만, 불법 제품이 꾸준히 늘어나서 지금은 일반인도 노트북보다 저렴한 가격에 구입할 수 있다. 물론 구입과 별개로 사용 자체가 불법이다.

문제는 통신망의 암호화다. 무선통신망은 보안과 혼선 방지를 위해 모든 신호를 암호화해서 보내기 때문에, 암호를 풀 수 없다면 아무리 스마트폰에서 발신한 신호를 완벽하게 스캔한다 해도 내용을 읽지 못한다. 현대의 4G LTE 무선통신망의 아키텍처들은 매우 우수한 암호화 구조 때문에 도청이 사실상 불가능하다고 알려져 있다.

하지만 보안 전문가들은 통신망의 구조가 매우 복잡하며 많은 기업과 사업자가 각자 제작한 구성요소를 사용하기 때문에 여전히 도청/감청에 사용할 수 있는 기술적 허점이 발견되고 있다는 점을 지적한다. 특히 코어 네트워크 요소가 서로 다른 통신망 간의 연결에서 발생하는 취약점은 데이터 트래픽을 탈취하거나 조작하는 데 사용할 수 있다. 실제로 4G/5G가 공유하는 MAC 층위의 프로토콜 허점을 사용하는 '스패로우' 취약점을 발견한 보안 전문가들은 이 취약점이 매우 발견하기 쉬운 곳에 있어서 지금까지 언급되지 않은 것이 오히려 이상한 일이라며, 누군가가 이 허점을 발견하고 공익을 위해 제보하는 대신 도청과 같은 용도로 사용했을 가능성이 높다고 설명했다.

이런 무선통신망의 취약점은 발견되더라도 도청용으로 은밀히 사용되거나 악용을 막기 위해 보안 패치가 이뤄지기 전까지 공개되지 않는 경우가 보통이다. 따라서 실제로 존재하는 취약점은 알려진 취약점보다 훨씬 많으며, 이런 취약점을 사용하는 도청 시도 역시 그만큼 많을 것으로 예상된다.

ISSUE 8 생명공학

역노화 연구

오혜진

서강대에서 생명과학을 전공하고, 서울대 과학사 및 과학철학 협동과정에서 과학기술학(STS) 석사 학위를 받았다. 이후 동아사이언스에서 과학기자로 일하며 과학잡지 《어린이과학동아》와 《과학동아》에 기사를 썼다. 현재 과학전문 콘텐츠기획 · 제작사 동아에스앤씨에서 기자로 일하고 있다.

노화를 되돌린다? 불로장생을 향한 도전

인간 생애의 '시계'를 거꾸로 돌릴 수 있다면? 최근 회춘 연구, 즉 역노화 연구가 주목받고 있다.

인간에게 노화란 피할 수 없는 숙명이다. 태어나는 순간부터 죽을 때까지 인간은 계속 늙어간다. 탱탱했던 피부의 탄력이 떨어지고, 흰머리와 주름이 늘어나고, 기억력과 체력이 떨어지고, 상처가 났을 때 회복하는 속도가 더뎌지는 것처럼 나이가 들면서 체감하는 노화의 증상은 다양하다.

그래서 사람들은 시대를 막론하고 오랜 시간 늙지 않고 건강한 몸으로 불로장생하거나, 노화된 신체가 다시 젊어지는 것을 꿈꿔왔다. 진시황이 불로초를 찾았다는 이야기는 너무나 유명하다. 그는 세계 각지로 신하를 보내 늙지도, 죽지도 않는 불로초를 수소문해 영생을 얻고자 했다. 중세 시대 연금술사들은 영원한 젊음을 얻을 수 있는 비약을 만들기 위해 노력했다. 무협 소설에서는 나이 든 절대 고수가 깨달음을 얻어 젊은 몸으로 되돌아가는 '반로환동'이라는 설정이 있다. 소설가 오스카 와일드의 『도리언 그레이의 초상』에서는 영원한 젊음을 얻기 위해 자신의 영혼을 바치는 주인공이 나온다.

과학기술이 발전하면서 노화의 비밀이 하나둘씩 밝혀지고 있지만, 노화를 막거나 젊음을 유지하는 것은 여전히 요원한 꿈처럼 여겨진다. 그런데 최근 노화된 상태를 다시 되돌리는 '역노화(회춘)' 기술이 등장하면서 노화는 불가피한 것이 아니라 되돌릴 수 있는 것이라는 전망이 나오고 있다. 불로장생이 더 이상 꿈이 아니라 언젠가 달성할 수 있는 목표가 된 것이다. 많은 사람들의 기대를 모으고 있는 역노화 기술이란 무엇인지 알아보자.

▶ 노화의 12가지 특징

현대 노화 연구의 창시자라고 불리는 미국의 해부학자 레너드 헤이플릭은 1961년 세포분열에 한계가 있다는 연구 결과를 발표했다. 헤이플릭은 인간의 세포가 40~60회의 정해진 횟수만 분열하고 이 숫자를 넘어가면 분열을 멈춘다는 것을 발견했다. '헤이플릭 한계'라는 이 개념이 등장한 이후로 지난 수십 년간 노화에 관한 연구는 눈부시게 발전했다.

생물학적으로 노화는 나이가 들어가면서 여러 요인에 의해 세포 손상이 축적되면서 발생하는 것으로 여겨진다. 이로 인해 신체의 구조와 기능이 점점 퇴화하고, 질병에 걸릴 위험이 커진다. 특히 노화는 당뇨병, 알츠하이머, 심혈관 질환 등 여러 만성 질환과 밀접한 관련이 있다.

2023년 1월 과학자들은 지금까지의 노화 연구 결과를 종합해 국제학술지 《셀》에 노화의 12가지 특징을 정리해 발표했다. 이들이 정리한 12가지 특징은 유전체 불안정성, 텔로미어 길이 감소, 후성유전학적 변화, 단백질 항상성 상실, 거대 자

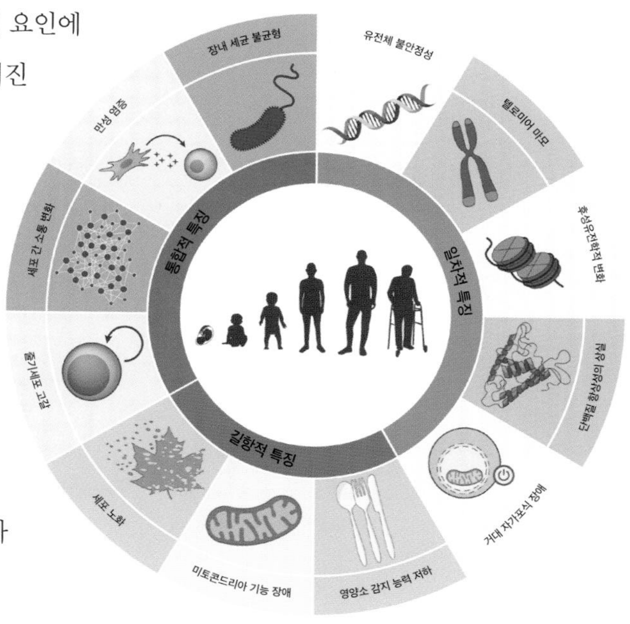

노화의 12가지 특징.
© Cell

가포식 장애, 영양소 감지 기능 저하, 미토콘드리아 기능 장애, 세포 노화, 줄기세포 고갈, 세포 간 소통 변화, 만성 염증, 장내 세균 불균형이다. 여기서는 이 중에서 노화와 가장 직접적으로 관련이 있고, 그래서 연구가 많이 진행되고 있는 특징 네 가지를 자세히 살펴보려고 한다.

먼저 '유전체 불안정성'이다. 우리 몸의 유전정보를 담고 있는 DNA는 X선, 자외선, 각종 화학물질, 활성산소 등 다양한 원인에 의해 손상된다. 심지어는 DNA 복제 과정에서도 오류가 일어나 돌연변이가 생긴다. 하루에만 평균 6만 번의 DNA 손상이 일어난다.

다행히도 인체에는 정교한 손상 복구 시스템이 있어 DNA의 유전정보는 큰 문제 없이 유지된다. 하지만 나이가 들어가면서 복구 시스템의 효율성이 떨어지며, 이로 인해 유전체 손상이 축적된다. DNA의 절단이나 변이, 염색체 숫자나 구조 변화 등이 일어나는 것이다. 이런 현상을 '유전체 불안정성'이라고 하며, 세포의 기능에 심각한 문제를 만들어 노화를 일으키는 근본적인 원인이 된다.

세포핵에 있는 염색체는 DNA가 들어 있는데, DNA는 밀집된 형태로 히스톤 단백질에 감겨 있다. 염색체의 끝부분인 텔로미어의 감소, 히스톤 단백질에 변형이 일어나는 후성유전학적 변화가 노화의 특징에 속한다.

우리 몸의 DNA는 평소에는 긴 나선 형태로 히스톤 단백질에 둘러싸여 있다.

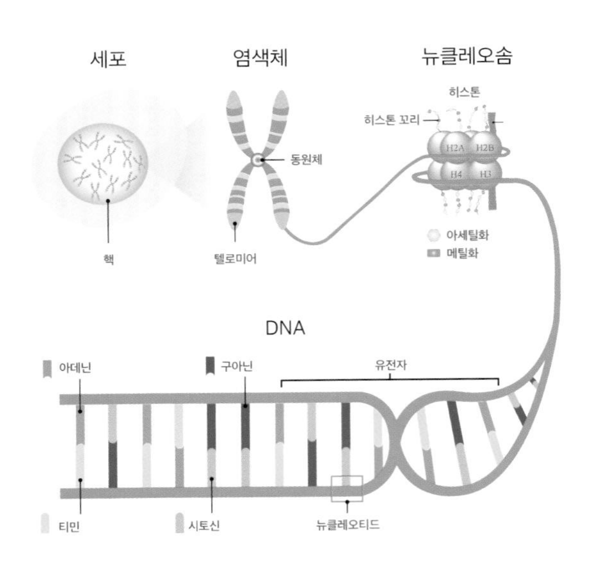

두 번째는 '텔로미어의 감소'다. 노화의 원인으로 가장 널리 알려져 있다. 텔로미어는 그리스어로 '끝'을 뜻하는 '텔로스(telos)'와 '부위'를 뜻하는 '메로스(meros)'의 합성어로, 말 그대로 염색체 끝부분에 있는 특정 서열이 반복된 부위를 말한다. 인간을 포함한 척추동물의 경우 DNA 끝에 'TTAGGG'라는 서열이 수천 번 이상 반복된다.

세포분열로 DNA가 복제될 때, 이를 담당하는 DNA 중합효소는 DNA의 끝부분을 완전히 복제하지 못한다. 이 문제를 해결해줄 무언가가 없다면 DNA는 복제될 때마다 끝부분의 유전정보가 계속 사라질 것이다. 텔로미어는 바로 이 DNA 끝부분의 유전정보가 소실되지 않도록 대신 닳아 없어지는 역할을 한다. 텔로미어를 발견한 공로로 2009년 노벨생리의학상을 수상한 엘리자베스 블랙번 UC샌프란시스코 교수는 DNA를 신발 끈에, 텔로미어를 신발 끈의 끝부분에 달려 있는 플라스틱 꼭지에 비유했다. 플라스틱 꼭지는 신발 끈이 닳거나 망가지는 것을 막아준다.

텔로미어는 노화의 원인으로 가장 널리 알려져 있는 만큼 노화와 직접적으로 관계가 있다. DNA가 복제될 때마다 텔로미어의 길이가 줄어드는데, 텔로미어가 한계치로 짧아지면 세포는 더 이상 분열하지 않고 노화의 단계로 접어든다. 보통 노화된 세포는 면역체계가 제거하지만, 나이가 들어가면서 면역체계의 감시를 벗어난 노화 세포가 축적된다. 노화 세포는 다양한 염증 유발 물질을 분비해 주변 정상 세포와 조직의 노화를 촉진하고, 노화 관련 질환의 원인이 된다.

만약 텔로미어가 계속 긴 상태로 유지된다면 세포의 노화를 늦출 수 있을 것이다. 우리 몸에는 이런 역할을 하는 효소가 있다. 바로 '텔로머레이스'다. 텔로머레이스는 DNA 끝에 반복 서열을 계속 추가해 텔로미어의 길이를 유지해준다. 실제로 활발하게 분열하는 줄기세포나 생식 세포, 무한히 증식하는 암세포에서 텔로머레이스가 활성화되어 있는 것으로 밝혀졌다. 텔로미어와 텔로머레이스를 활용하면 노화를 억제할 수 있을 것으로 기대돼, 많은 연구가 이뤄지고 있다.

▶ 후성유전학적 변화와 줄기세포 고갈

또 다른 노화의 특징은 '후성유전학적 변화'다. 유전학이 발전하면서 DNA의 염기서열로 이뤄진 유전정보만이 전부가 아니라는 사실이 밝혀졌다. DNA 염기서열이 변하지 않아도 유전자가 발현되거나 발현되지 않을 수 있다는 뜻이다. 유전자가 언제, 어디서, 어떻게, 얼마나 발현돼 어떤 기능을 노화와 회춘의 후성유전학적 상태.
ⓒ Signal Transduction and Targeted Therapy

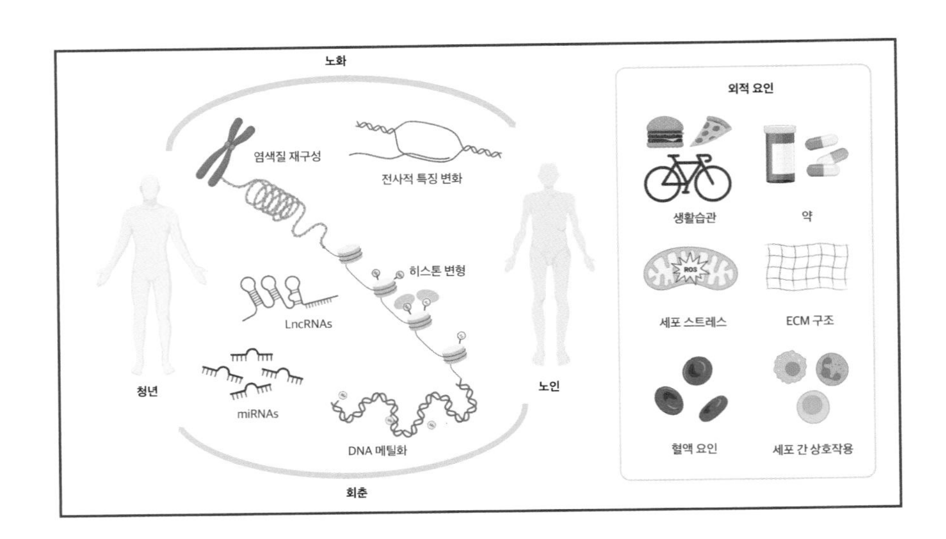

하는가를 보려면 염기서열뿐만 아니라 DNA를 둘러싼 환경을 파악해야 한다. 여기에는 DNA 염기의 변형, DNA를 둘러싸고 있는 각종 단백질과 이들 사이의 상호작용이 포함된다.

예를 들어 DNA를 감고 있는 히스톤 단백질에 메틸기(-CH_3)가 붙는 메틸화, 아세틸기(CH_3CO-)가 붙는 아세틸화, 인산기가 붙는 인산화 등 다양한 화학적 변형이 일어나는데, 이로 인해 유전자가 발현되거나 억제된다. 또 DNA를 이루고 있는 염기에도 변형이 일어날 수 있다. 시토신(C)이라는 염기에 메틸화가 일어나면 유전자 발현에 관여하는 단백질들이 DNA에 결합하지 못해 해당 유전자의 발현이 억제된다. 그리고 이런 변화들은 후대로 유전된다. 이렇게 유전자의 개념을 넘어, DNA와 히스톤 단백질 복합체인 '염색질(chromatin)'의 상호작용을 이해하고 그 기능을 연구하는 학문 분야가 '후성유전학(epigenetics)'이다.

최근 들어 후성유전학적 변화가 노화와 직접적으로 관련이 있다는 연구들이 속속 발표되고 있다. 2023년 1월 데이비드 싱클레어 미국 하버드대 의대 교수 연구팀은 후성유전학적 정보의 변화가 노화를 유발할 수 있다는 것을 국제학술지 《셀》에 발표했다. 앞서 설명한 것처럼, 세포는 자외선이나 방사선, 특정 화학물질에 노출되거나 세포 호흡 등으로 DNA가 손상됐을 때

이를 복구하는 메커니즘을 가지고 있다. 연구팀은 이 복구 메커니즘이 반복될수록 후성유전학적 패턴이 손실돼 노화가 일어난다고 생각했다.

이를 확인하기 위해 연구팀은 DNA 절단 효소를 이용해 쥐 유전체의 20곳을 자르고, 이 손상을 복구할 수 있는 쥐를 만들었다. 다만 유전자를 암호화하는 부위를 자르지는 않았다. DNA 돌연변이와는 무관하다는 것을 보여주기 위해서였다.

처음에는 DNA에 손상이 일어나도 제대로 수리가 되었고, DNA와 함께 상호작용하는 각종 단백질도 원래 위치로 돌아갔다. 하지만 손상이 누적되고 복구가 반복되자 이 단백질들은 제자리로 돌아오지 않았다. 그 결과, DNA 메틸화나 히스톤 단백질의 변형 등의 후성유전학적 정보가 바뀌었다. 결국 쥐는 나이가 들었을 때와 비슷한 후성유전학적 특징을 갖게 되었고, 실제 외관상으로도 털의 색이 빠지고 노화가 진행된 모습을 보였다. 장기의 기능도 약해졌다. 싱클레어 교수는 "우리의 연구 결과는 포유류 노화의 주요 원인이 후성유전학적 변화 때문이라는 것을 처음으로 보여줬다"고 말했다. DNA 그 자체보다 DNA와 단백질 복합체인 염색질의 화학 및 구조 변화가

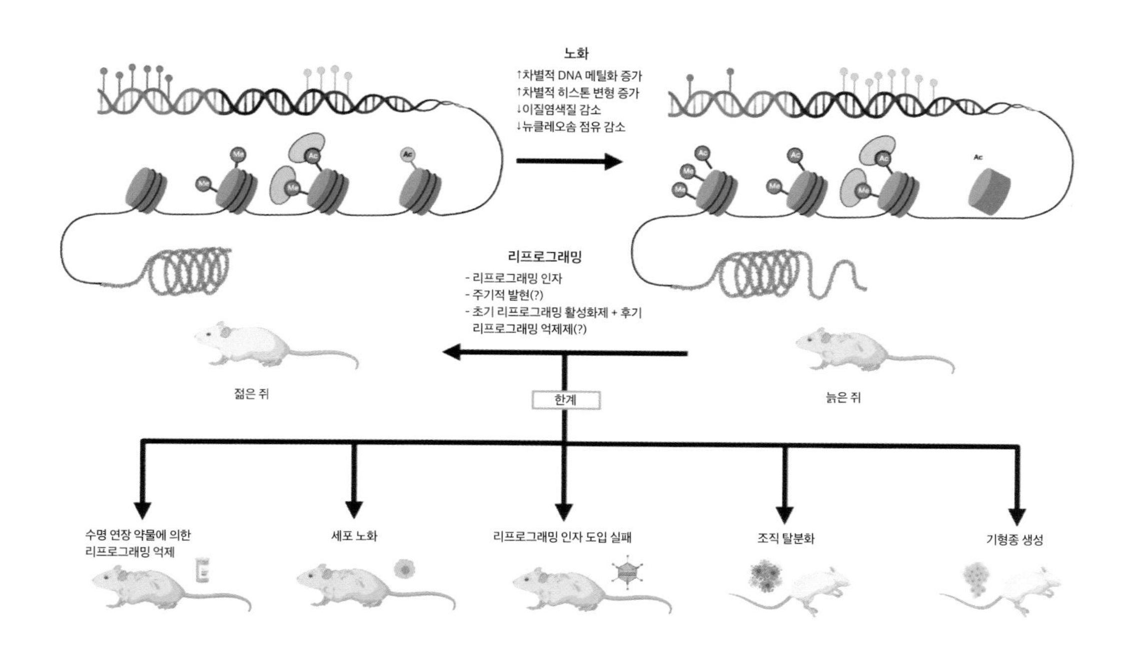

노화와 관련된 후성유전학적 변화.
© Geroscience

노화를 촉진한다는 뜻이다. 연구팀은 후성유전체를 조작하면 노화를 앞당길 수도 있고, 뒤로 되돌릴 수도 있다고 주장했다.

지금까지의 연구들로 후성유전학적 변화, 특히 DNA 메틸화와 노화 사이에 강력한 연관성이 있다는 것이 밝혀졌다. 노화나 노화 관련 질병이 있는 사람일수록 DNA 전체의 메틸화가 줄어드는 반면, 유전자 발현의 시작과 같은 역할을 하는 프로모터 영역에는 메틸화가 늘어나는 경향을 보인다. 이를 발견한 과학자들은 DNA의 메틸화 정도를 추적해 노화를 판별하는 지표로 쓰고 있다. 이를 '후성유전학적 노화 시계'라고 부른다. 연구를 통해 수백 종의 노화 시계가 만들어졌는데, 가장 유명한 노화 시계는 2013년 스티브 호바스 미국 UCLA 교수가 만든 것으로 신체 내 장기의 나이를 잘 예측하는 것으로 알려져 있다.

마지막으로 주목할 만한 노화의 특징은 '줄기세포 고갈'이다. 줄기세포는 다른 체세포들과 달리 무한히 분열할 수 있으며, 우리 몸을 구성하는 다양한 세포들로 분화할 수 있다. 조직이나 기관이 손상되면 줄기세포가 분열해 재생과 복구 과정을 활성화한다. 그런데 나이가 들면서 줄기세포의 활성이 감소하고, 분열 빈도가 줄어들어 재생 능력이 떨어지고 노화가 촉진된다. 예를 들어 백혈구, 적혈구, 혈소판 등의 면역 세포는 조혈모세포라는 줄기세포에서 만들어내는데, 나이가 들수록 조혈모세포의 기능이 떨어지면서 면역 세포의 수가 줄어든다. 이처럼 줄기세포의 감소는 노화를 일으키는 원인이므로, 과학자들은 줄기세포를 활용해 노화를 막는 연구를 진행하고 있다.

▶ 세포 리프로그래밍을 이용한 역노화 기술

노화의 원인들이 밝혀지면서 이를 이용한 다양한 노화 방지 연구들이 진행되고 있다. 가장 대표적인 것은 식이 제한이다. 간헐적 단식이나 칼로리 섭취 제한 등의 식단 조절을 통해 수명을 연장할 수 있다는 연구 결과들은 이미 유명하다. 최근에는 노화 세포만 선택해 제거하면 다양한 노화 관련 질환을 막고 수명을 늘릴 수 있다는 연구 결과가 발표됐다. 젊은 쥐의 혈액, 심

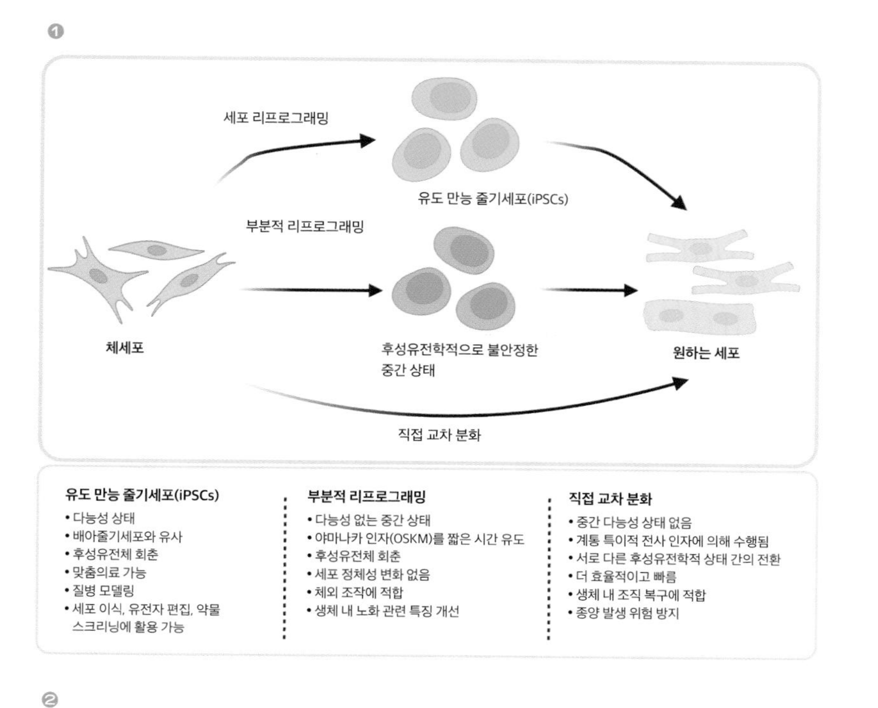

❶ 회춘을 위한 세포 리프로그래밍.
© Signal Transduction and Targeted Therapy

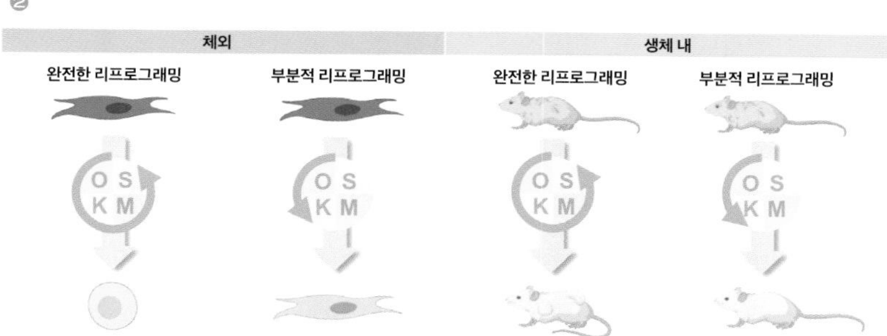

❷ 회춘을 위한 리프로그래밍 접근법.
© Aging Cell

지어는 장내 미생물을 늙은 쥐에게 투여해 노화를 억제하고 신체 기능을 젊은 시절로 되돌리는 각종 '회춘' 연구들도 진행되고 있다.

이 중에서도 최근 가장 주목받고 있는 노화 연구는 '역노화'다. 역노화의 핵심은 '세포 리프로그래밍(cell reprogramming)'이다. 세포에 특정 유전자나 화학물질을 넣어 세포의 형질을 변화시켜, 이미 분화된 세포를 줄기세포로 되돌리는 것을 말한다.

예전에는 세포의 운명이 한 방향으로만 정해진다고 믿었다. 이미 분화된 세포는 이전 단계로는 다시 돌아갈 수 없다고 여겼던 것이다. 이렇게 생각해보면 쉽다. 어렸을 적 우리는 선생님, 과학자, 예술가 등 다양한 꿈을 갖고 있다. 그러다가 성인이 되어 특정 직업을 선택해 삶을 살아간다. 우리 몸을 이루는 세포도 이와 비슷하다. 어떤 세포로든 분화할 수 있는 잠재력을 가진 줄기세포(미분화 상태)에서 피부세포, 신경세포, 간세포처럼 각자의 역할과 기능을 할 수 있는 특정 세포로 분화된다.

그런데 연구를 통해 세포는 '회귀'를 할 수 있다는 것이 밝혀졌다. 2006년 야마나카 신야 일본 교토대 교수는 실험을 통해 4가지 유전자(Oct3/4, Sox2, Klf4, c-Myc)를 넣으면 이미 분화가 완료된 체세포가 줄기세포로 다시 돌아가는 역분화 현상을 발견했다. 야마나카 교수는 이렇게 세포 리프로그래밍으로 만들어진 줄기세포를 '유도 만능 줄기세포(induced Pluripotent Stem Cell, iPSC)'라고 이름 붙였다.

유도 만능 줄기세포의 발견은 줄기세포 치료에 혁명을 가져왔다. 배아줄기세포와 같이 모든 세포로 분화할 수 있는 능력을 갖고 있으면서도 배아줄기세포가 가진 윤리적 문제와 단점을 모두 해결할 수 있었기 때문이다. 유도 만능 줄기세포를 이용하면 환자의 체세포를 줄기세포로 만들어 손상된 조직이나 기관을 대체할 수 있기에 면역 거부 반응이 일어나지 않는다. 이 공로로 야마나카 교수는 2012년 노벨생리의학상을 수상했다.

역노화 연구는 바로 이 '야마나카 인자'라고 불리는 4가지 유전자를 이용해 세포를 리프로그래밍한다. 리프로그래밍된 세포는 후성유전학적 표시가 재설정되고, 텔로미어의 길이도 연장되는 것처럼 각종 노화 징후가 모두 사라진다. 그런데 한 가지 문제점이 있었다. 체세포가 줄기세포로 돌아가면 세포가 가지고 있던 고유의 정체성과 기능을 잃게 된다는 점이다.

이 문제를 해결하기 위해 2016년 후안 카를로스 이스피수아 벨몬테 미국 소크연구소 교수 연구팀은 조로증에 걸린 쥐의 피부 세포에 야마나카 인자를 단기간만 발현시켰다. 보통 유도 만능 줄기세포를 만들기 위해서는 2~3주 동안의 시간이 필요한데, 연구팀은 단 2~4일간만 야마나카 인자들이 발현되도록 했다. 그러자 세포는 피부 세포의 정체성을 유지하면서도 DNA

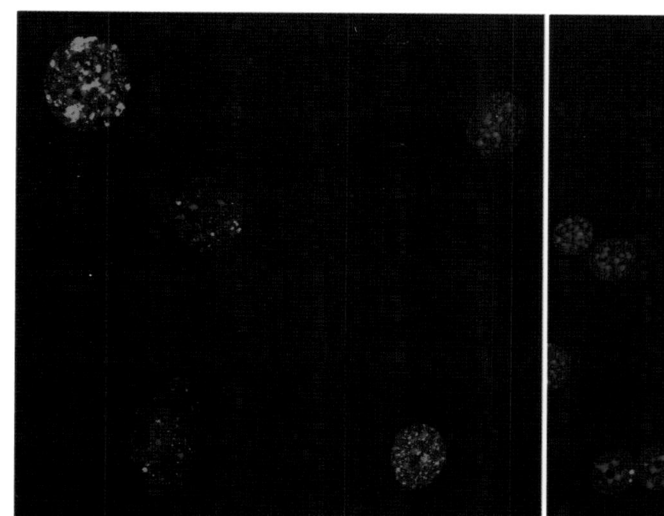
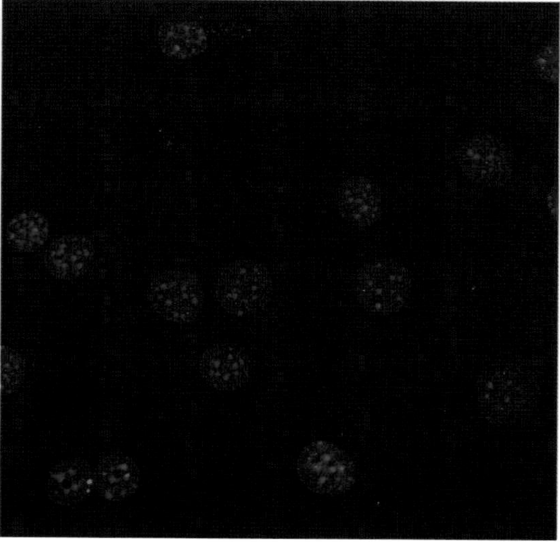

손상이 줄어들고 핵 구조가 회복되는 것처럼 노화와 관련된 징후들이 모두 젊은 상태로 되돌아갔다. 리프로그래밍 주기를 완료하는 대신, 중간 단계까지만 리프로그래밍한 '부분적 리프로그래밍'을 겪은 것이다.

다음으로 연구팀은 조로증에 걸린 쥐에게 같은 방법으로 야마나카 인자를 짧게 투여했다. 결과는 놀라웠다. 부분적 리프로그래밍을 받은 쥐는 그렇지 않은 쥐에 비해 젊어졌다. 심혈관계 및 다른 장기 기능도 개선됐다. 노화에 영향을 미치는 특징들이 모두 회복됐고, 수명도 18주에서 24주로 늘었다.

마지막으로 연구팀은 조로증이 아니라 정상적인 과정으로 노화된 쥐를 대상으로 연구를 진행했다. 이 쥐에게 야마나카 인자를 투여했더니, 췌장과 근육의 재생 능력이 개선됐다. 연구팀은 노화란 매우 역동적이고 가소성 있는 과정이며, 이 결과는 노화를 '치료'할 수 있다는 것을 보여준다고 설명했다. 또 부분적 리프로그래밍 기술이 인간의 회춘을 달성하기 위한 가장 유망한 접근법이라고도 덧붙였다. 이 연구 결과는 국제학술지 《셀》에 실렸다.

이후 부분적 리프로그래밍 기술을 이용한 세포 역노화 연구가 여럿 발표되기 시작했다. 2020년, 싱클레어 교수 연구팀은 노화된 안구 세포를 회춘시켜 쥐의 시력을 회복하는 데 성공해 국제학술지 《네이처》에 발표했다.

소크연구소 연구팀은 부분적인 세포 리프로그래밍으로 DNA 손상이 줄어드는 것을 발견했다. 조로증 쥐 세포(왼쪽)와 리프로그래밍으로 젊어진 조로증 쥐 세포(오른쪽).
ⓒ Salk Institute

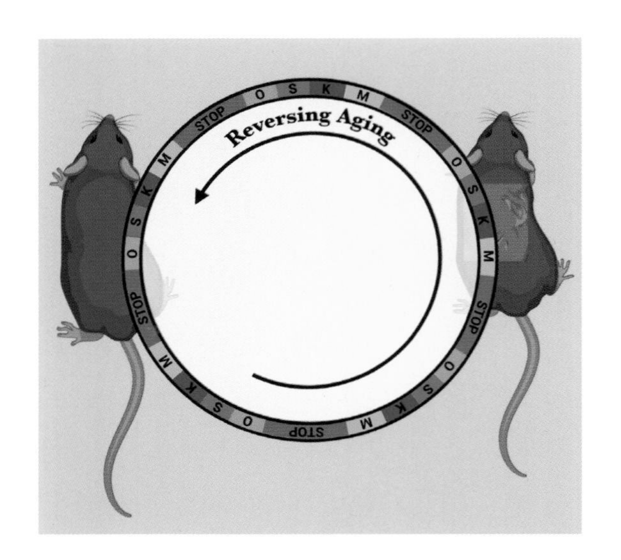

소크연구소 연구팀은 부분적 세포 리프로그래밍으로 생쥐의 노화 징후를 되돌렸다.
ⓒ Salk Institute

연구팀은 시신경에 손상이 있는 쥐의 망막 신경절 세포(시각 정보를 대뇌의 시각피질까지 전달하는 역할을 한다)에 c-Myc 유전자를 제외한 나머지 3개의 야마나카 인자를 주입했다. c-Myc 유전자는 줄기세포를 유도하는 유전자이기도 하지만 암을 일으킬 수 있는 원암유전자이기도 하다. 연구팀은 암이 생기는 것을 막기 위해 이 유전자를 제외했는데, c-Myc이 없이도 세포 역노화가 성공적으로 진행됐다. 실험 결과, 망막 신경절 세포의 수가 2배 증가했고, 신경도 5배나 성장했다.

연구팀은 녹내장에 걸린 쥐에게도 같은 방법으로 실험했다. 그러자 신경세포의 전기적 활동이 늘어났고, 시력도 눈에 띄게 좋아졌다. 정상적인 노화로 시력이 저하된 늙은 쥐에서도 비슷한 효과를 보였다. 싱클레어 교수는 "부분적 리프로그래밍으로 망막과 같은 복잡한 조직의 나이를 안전하게 되돌리고, 생물학적 기능을 젊게 회복하는 것이 가능하다"고 말했다.

2022년 미국 소크연구소 연구팀은 부분적 리프로그래밍 기술을 더 오랜 기간 사용했을 때 안전한지 연구했다. 연구팀은 쥐를 세 그룹으로 나눠 첫 번째 그룹의 쥐에게는 생후 15개월부터 22개월까지(사람의 50~70세에 해당한다) 야마나카 인자를 정기적으로 투여했다. 다른 그룹은 12개월부터 22개월까지(사람의 35~70세에 해당한다) 투여했다. 마지막 그룹은 생후 25개월(사람의 80세에 해당한다)에 한 달 동안만 야마나카 인자를 투여했다.

연구팀이 세 그룹의 신장과 피부에서 노화 징후를 분석한 결과, 야마나카 인자를 오래 투여한 첫 번째 그룹과 두 번째 그룹에서 젊은 쥐에게 볼 수 있는 후성유전학적 패턴이 나타났다. 두 그룹의 쥐는 피부 세포의 재생 능력도 뛰어났고, 흉터도 적게 생겼다. 다만 이러한 회춘 현상은 야마나카 인자를 한 달만 투여한 그룹에서는 발견되지 않았다. 연구에 참여한 프레디 레딥 미국 소크연구소 연구원은 "암을 비롯해 동물의 건강, 행동, 체중에 어떤 부정적인 영향도 발견되지 않았다"며 "부분적 리프로그래밍을 사용해도 안전하다"고 주장했다. 이 연구는 국제학술지 《네이처 에이징》에 실렸다.

같은 해 4월 영국 바브라함연구소 연구팀은 53세 여성에게서 채취한 피부세포를 23세의 피부세포만큼 젊게 되돌리는 데 성공했다는 연구 결과를 국제학술지 《e라이프》에 실었다. 연구팀은 야마나카 인자를 13일만 처리했다. 그리고 피부 세포의 기능을 확인했다. 부분적 리프로그래밍된 세포는 그렇지 않은 세포에 비해 더 많은 콜라겐 단백질을 만들었다. 콜라겐은 뼈와 피부의 힘줄과 인대를 지탱하고, 상처 치료에도 도움을 준다. 이어 연구팀은 세포에 인위적으로 상처를 냈는데, 부분적 리프로그래밍된 세포는 그렇지 않은 세포보다 더 빠른 속도로 상처 부위로 이동했다. 또 후성유전학적 노화 시계를 사용해 후성유전학적 변화를 확인한 결과, 30년 젊은 세포의 것과 일치했다.

▶ 노화를 '치료'하기 위한 기업들 등장

2023년 1월에는 미국 샌디에이고의 바이오 스타트업인 리주버네이트 바이오가 부분적 리프로그래밍이 실제 수명 연장에 도움이 되는지 실험하고, 그 결과를 논문 사전 공유 사이트인 '바이오아카이브'에 발표했다. 연구팀은 사람 나이로 77세에 해당하는 124주의 생쥐에 야마나카 인자 3개를 주사했다. 주사를 맞지 않은 대조군 쥐는 9주간 살았는데, 주사를 맞은 쥐들은 수명이 2배로 늘어나 평균 18주를 더 살았다. 주사를 맞은 쥐들의 간과 심장 조직을 살펴본 결과, 젊은 쥐에게서 나타나는 DNA 메틸화 패턴이 부분적으로 회복된 것으로 나타났다. 노아 데이비드손 리주버네이트 바이오 CEO는 "이 연구 결과는 부분적인 리프로그래밍이 노화와 관련된 질병의 결과를 되돌릴 수 있으며, 인간의 수명을 연장할 수 있는 잠재적 치료법이 될 수 있다"고 말했다.

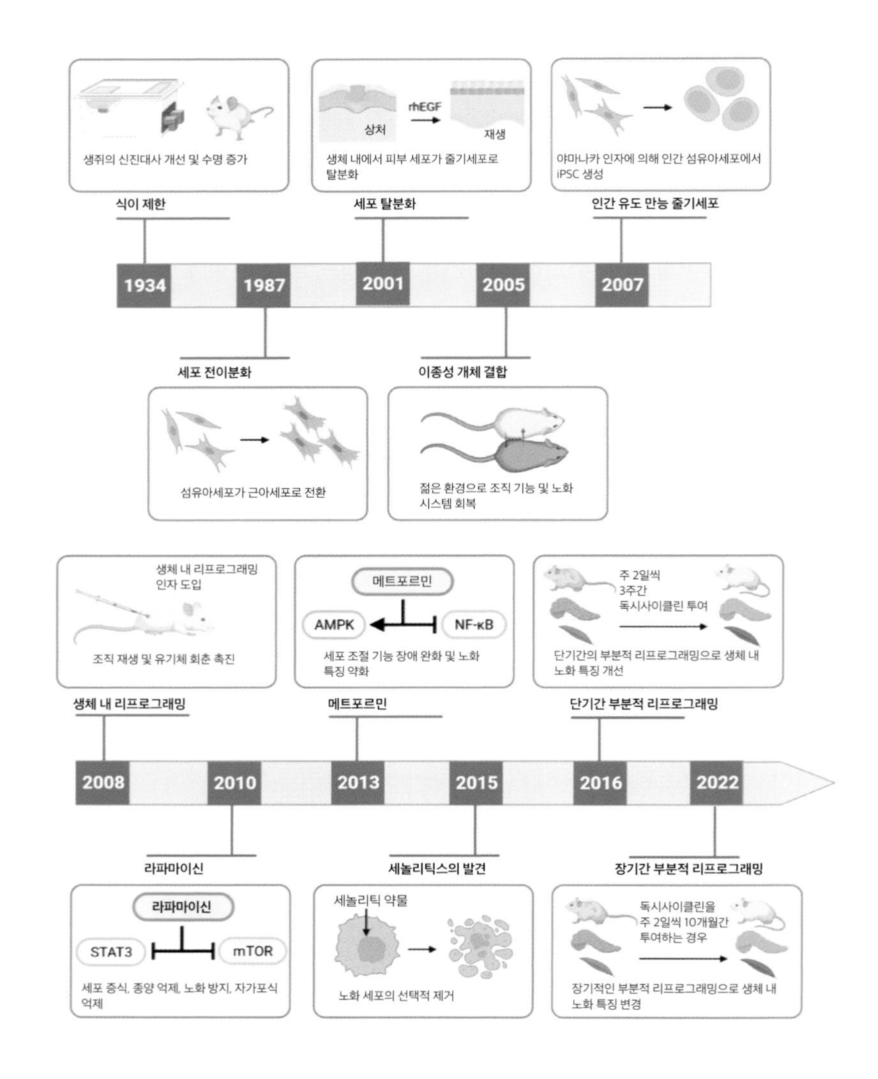

세포 회춘 연구의 이정표가 되는 사건들.
© Signal Transduction and Targeted Therapy

리주버네이트 바이오 CEO의 말처럼 부분적 리프로그래밍은 노화 관련 질병을 막고, 인간의 건강수명(질병 없이 건강한 상태를 유지하는 기간)을 연장하는 유망한 기술이 될 수 있다. '100세 시대'라는 말처럼 현대 의학과 공중보건의 발전 덕분에 인간의 평균 수명은 엄청나게 증가했다. 하지만 건강수명은 이에 미치지 못한다. 보건복지부가 2022년 발표한 '2022 OECD 보건통계'에 따르면 2020년 기준 한국인의 기대 수명은 83.5년(OECD 국가 중 2위)이지만 건강수명은 66.3살로 차이가 크게 난다. 남은

생의 17.2년은 각종 질병으로 고생한다는 뜻이다. 기대 수명은 늘었지만, 우리는 건강하게 살지 못한 채 오래 살고 있을 뿐이다.

역노화 연구자들은 부분적 리프로그래밍을 통해 노화 관련 질병을 '치료'하고자 한다. 이들은 노화를 자연스러운 섭리가 아니라 질병의 관점으로 본다. 노화가 질병이 되면 치료를 통해 늦추거나 멈추거나 되돌릴 수 있다. 그렇게 된다면 수많은 질병에도 큰 영향을 미칠 것이다. 노화 자체를 질병의 표적으로 삼는다면, 다른 여러 질환을 함께 치료할 수 있는 패러다임의 전환을 가져올 수 있기 때문이다.

저명한 역노화 연구자 벨몬트 교수는 2022년 소크연구소를 떠나 알토스 랩스에 합류했다.

이런 가능성은 투자자들로부터 수억 달러의 투자 붐을 일으켰다. 대표적인 곳이 2022년 설립된 '알토스 랩스(Altos Labs)'라는 스타트업이다. 앞서 소개했던 벨몬테 교수, 호바스 교수 등 저명한 역노화 연구자들과 야마나카 교수 등이 임원 및 고문으로 참여하고, 러시아 억만장자로 알려진 유리 밀너와 아마존 창업자 제프 베이조스 등으로부터 30억 달러(약 4조 원)를 투자받아 큰 화제를 모았다. 알토스 랩스는 리프로그래밍을 통해 인간의 노화를 멈추거나 역전시킬 수 있는 생명 연장 치료법을 개발하는 것이 목표다. 세포 재생 능력을 회복해 질병이나 부상 및 장애를 되돌리는 치료제를 만들겠다는 뜻이다. 미국 샌프란시스코와 샌디에이고, 영국 케임브리지에 연구소를 설립해 본격적인 연구를 시작할 예정이다.

이 외에도 암호화폐 억만장자로 알려진 브라이언 암스트롱은 1억 1천만 달러(약 1,400억 원)를 투자해 '뉴리미트(NewLimit)'라는 리프로그래밍 바이오 스타트업을 창업했다. 인공지능 챗GPT(ChatGPT)를 개발한 오픈AI CEO 샘 올트먼도 '레트로 바이오사이언스(Retro Biosciences)'에 1억 8천만 달러(약 2,300억 원)를 투자했다. 이 스타트업은 인간의 평균 수명을 10년 늘리겠다는 대담한 목표를 가지고 있다. 2013년 구글의 모기업 알파벳은 노화 원인과 수명 연장에 대해 연구하는 '칼리코'라는 기업을 설립했다. 칼리코도 최근 역노화 기술에 집중하고 있다. 2022년 부분적 리프로그래밍이 세포에 젊은 유전자를 발현하게 만들었다는 연구 결과를 국제학술지 《셀 시스템즈》에 발표한 바 있다.

범위를 좁혀 특정 장기만 회춘시키는 것을 목표로 연구하는 기업들도 있다. 미국의 '턴 바이오테크놀로지(Turn Biotechnologies)'는 주름을 없애거나 모발을 다시 성장시키기 위해 야마나카 인자를 사람의 피부에 주입하는 것이 목표다. mRNA를 이용해 야마나카 인자를 도입하는 것을 연구하고 있다. 싱클레어 교수가 2017년 설립한 '라이프 바이오사이언스(Life Biosciences)'는 눈의 세포를 리프로그래밍해 실명을 치료할 수 있는지를 실험하고 있다.

▶ 역노화 기술이 해결해야 할 문제점들

역노화 기술은 혁신적인 기술로 주목받고 있지만, 아직 해결해야 할 문제들이 많다. 우선 부분적 리프로그래밍 기술을 노화 방지 치료법으로 구현하기 위해서는 반드시 안전성을 확보해야 한다. 그런데 세포를 리프로그래밍하게 되면 '테라토마'라고 불리는 기형종이 생길 가능성이 크다. 테라토마는 비정상적으로 세포들이 분화해 만들어진 악성 종양으로, 유도 만능 줄기세포의 가장 큰 문제점으로 지적돼 왔다. 과학자들은 야마나카 인자 중 종양을 유발할 수 있는 c-Myc 유전자를 제외하고 투여하는 식으로 최대한 종양 발생의 위험을 줄이는 방법을 고안하고 있지만, 그 위험을 완전히 없앨 수 있는지는 불투명하다.

또 세포를 부분적으로 리프로그래밍하기 위한 '회춘 지점'이 어디인지, 야마나카 인자를 며칠간 넣어야 그 지점에 도달할 수 있는지에 대해서도 아직 명확한 기준이 없다. 일시적으로 야마나카 인자를 넣더라도 세포의 정체성이 상실돼 유전자 발현에 변화를 일으킬 수 있는 위험이 있는 것으로 나타났다. 세포가 회춘된 상태를 얼마나 지속하는지도 불확실하다. 회춘 현상이 계속 안정적으로 유지될지, 혹은 정상적인 노화보다도 빠른 속도로 악화될지 모르는 일이다. 게다가 아직 부분적 리프로그래밍이 정확히 어떤 이유로 회춘을 하도록 만드는지도 알지 못한다. 아울러 쥐와 인간은 다르기에 연구를 사람에게 적용하는 데에도 오랜 시간이 걸릴 것이다.

다른 연구자들은 노화란 여러 가지 요인이 복합적으로 작용하는 복잡한 과정이라며 부분적 리프로그래밍만으로 노화를 막을 수 있을지 의문을 품고 있다. 그간의 많은 연구로 노화에 대해 많은 것을 밝혀냈지만, 아직도 우리는 노화에 대해 풀어야 할 비밀이 많다.

역노화 연구는 이제 시작 단계로, 실제 활용하기에는 아직 이르다. 하지만 앞으로 가능성이 크고, 노화 연구의 새로운 패러다임을 열어주는 기술임은 분명하다. 영국의 SF 작가 아서 클라크는 "충분히 발전된 기술은 마법과 구별할 수 없다"고 말했다. 부분적 리프로그래밍 기술이 발전되면 머지않은 미래, 정말로 노인을 회춘시킬 수도 있을 것이다. 과연 불로장생하는 인류가 등장할 수 있을까? 관심을 두고 지켜보자.

9

ISSUE 9 인구학

인구 80억 명 돌파

김청한

인하대학교 컴퓨터공학과를 졸업하고, 《파퓰러 사이언스》 한국판 기자와 동아사이언스 콘텐츠사업팀 기자를 거쳐 현재는 《사이언스 타임즈》 객원 기자로 활동하고 있다. 음악, 영화, 사람, 음주, 운동처럼 세상을 즐겁게 해 주는 모든 것과 과학 사이의 흥미로운 연관성에 주목하고 있으며, 최신 기술이 어떤 식으로 사람들의 삶을 변화시키는지에 대해 관심이 많다. 지은 책으로는 『과학이슈 11 시리즈(공저)』가 있다.

인구 80억 시대, 자원고갈과 식량난? 중요한 건 삶의 질이야!

세계 인구가 2022년 11월 15일 80억 명을 넘어섰다.
ⓒPixabay

마블 시네마틱 유니버스(MCU) 페이즈 3의 메인 빌런 타노스는 '매드 타이탄'이라는 별명을 갖고 있다. 자신의 고향 행성 타이탄이 자원고갈로 위험에 빠지자 "인구 절반을 줄여 위기를 극복하자"고 주장한 탓이다. 너무나도 과격한 주장에 동조하는 이는 없었고, 결국 자원 고갈로 폐허가 된 타이탄을 바라보며 타노스는 결심하게 된다. 우주 인구를 절반으로 줄여 지속 가능한 세상을 이룩하자고.

전 우주급 악당에게 어울릴 법한 타노스의 사상은 사실 오래된 인구론을 반영하는 것이다. 영국 성직자이자 경제학자였던 토머스 맬서스(Thomas R. Malthus)가 1798년 저서 『인구론』을 통해 주장한 일명 '맬서스 트랩(Malthusian Trap)'이다. 요약하자면 '인구는 기하급수적으로 증가하지만 식량 생산은 산술급수적으로 늘어나기에 결국 인류는 고통에 시달릴 것'이라는 예측이다. 맬서스는 이를 막기 위해 "인구를 억제해야 한다"며 "그중에서도 저소득층 인구를 줄여야 한다"고 강조했다. "(저소득층의) 결혼·출산을 늦추거나 막아야 한다"는 그의 주장은 "(본인까지 포함해 빈부격차 없이 무작위로) 인구 절반을 없애자"는 타노스만큼이나 비윤리적으로 들린다.

영국 성직자이자 경제학자였던 토머스 맬서스. 1798년 출판한 『인구론』을 통해 인구를 억제해야 한다고 주장했다.

맬서스가 이런 살벌한 주장을 내세운 18세기 후반, 전 세계 인구는 약 8~10억 명으로 추산된다. 그로부터 220여 년이 지난 현재 세계 인류는 80억 명을 돌파했다. 인구가 급속도로 증가한다는 맬서스의 예측만큼은 어느 정도 들어맞은 셈이다.

실제 최근 인구 성장세는 가파르다. 전 세계 인구가 50억 명을 돌파한 것이 1987년, 60억 명을 돌파한 것이 1999년, 70억 명을 돌파한 것은 2011년이다. 20세기 후반부터는 인구 10억 명이 늘어나는 데 고작 12년 정도가 소요된다는 얘기다. 세계 인구는 전대미문의 성장세를 맞고 있다.

문제는 이러한 성장세가 너무 급격하다는 점이다. 식량 위기는 물론이고 기후변화와 전염병 창궐, 자원·에너지 경쟁, 환경 파괴, 빈곤처럼 너무 많은 인구가 가져올 해악이 다시금 사람들을 압박하고 있다. 많아도 너무 많은 인구, 220여 년 전 맬서스가 외쳤던 '올가미(Trap)'는 아직 유효한 것일까?

▶ 많아도 너무 많은 인구, 얼마까지 늘어날까?

과연 인구는 언제까지 얼마나 늘어날 것인가? 국제연합(UN)은 2022년 11월 15일 세계 인구가 80억 명을 돌파했다며 조만간 100억 세계 인구는 2037년 90억 명, 2058년 100억 명을 넘어 2086년 104억 명으로 정점에 이를 것으로 보인다.
ⓒ UN

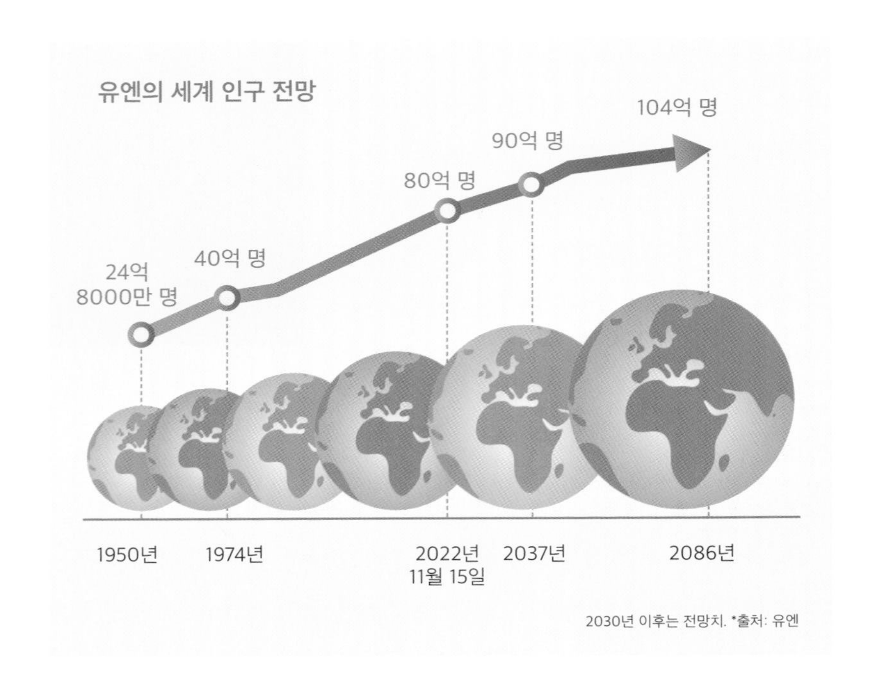

명 시대를 맞이할 것이라 밝혔다. 그에 따르면 세계 인구는 2037년 90억 명, 2058년에 100억 명을 넘어설 것으로 보인다.

현재 인구 증가를 이끌고 있는 지역은 아프리카와 아시아다. 2022년 기준 아시아 인구(48억 명)는 전 세계 인구의 61%를 차지하고 있으며 아프리카가 14억 명으로 그 뒤를 잇고 있다. 나머지 대륙별 인구수는 유럽(7억 5천만 명), 중남미(6억 5천만 명), 북미(3억 7천만 명), 오세아니아(4300만 명) 순이다.

국가별로는 인도와 중국이 인구 2강 체제를 형성하고 있다. UN경제사회처(DESA)는 지난 4월 말 인도 인구가 약 14억 2577만 명이 됐다며 인도가 중국을 제치고 사실상 세계 인구 1위에 등극했음을 밝혔다.

그렇다면 세계 인구는 과연 얼마까지 늘어날까. 예상 최고치는 104억 명으로 2086년에 달성할 전망이다. 이후로는 비슷한 수준을 유지한다는 것이 UN의 예측이다.

조금 다른 예측도 있다. 미국 워싱턴대 의과대학 보건계량분석

연구소(IHME)가 2020년 7월 발표한 논문이다(Fertility, mortality, migration, and population scenarios for 195 countries and territories from 2017 to 2100: a forecasting analysis for the Global Burden of Disease Study). 의학지 《랜싯(Lancet)》에 발표된 해당 연구에 따르면 우리는 100억 명 시대를 맞이할 수 없다. 2064년 97억 명으로 정점에 달한 세계 인구는 이후 꾸준히 감소한다는 분석이다. IHME가 예측한 2100년 세계 인구는 불과(?) 88억 명이다.

88억 명도 어마어마한 수치지만, UN의 분석과는 다소 차이가 난다. IHME가 주목한 요인은 바로 출산율 저하다. 여성 교육 수준이 높아지고 피임 문화가 확산되면서 출산율, 즉 합계 출산율(한 여자가 가임기간(15~49세)에 낳을 것으로 기대되는 평균 출생아 수)이 1.5명 아래로 떨어질 것이라는 계산이다. 2100년 기준으로 무려 183개국이 2.1명 이하 출산율을 기록하며 인구 감소가 본격적으로 이뤄진다는 얘기다.

이러한 인구 감소를 좀 더 강력하게 지지하는 연구도 나왔다. 어스포올(Earth4All) 국제 프로젝트 연구진이 2023년 3월 발표한 보고서(People and Planet: 21st-century sustainable population scenarios and

여성 교육 수준이 높아지고 피임 문화가 확산되면서 자연스럽게 출산율이 떨어질 것이라는 분석도 있다.
ⓒ Pxhere

possible living standards within planetary boundaries)다. 연구진은 경제 성장과 인구 증가의 연관성을 바탕으로 2050년 86억 명이 인구 정점이라는 분석을 내놨다(시나리오 1). 이에 따르면 2100년 기준 전 세계 인구는 70억 명 수준으로 지금보다 더 감소할 전망이다.

▶ 인구 억제가 해결책이 될 수 있을까

인류의 미래가 어떤 시나리오로 전개될지는 모르겠지만, 현재 전 세계 인구는 80억 명을 넘었고, 이로 인한 문제는 현재진행형이다. 해결책으로 제기되는 가장 직관적인 방법은 출산을 제한하여 인구를 줄이는 정책이다.

맬서스의 인구론이 널리 퍼진 이래 인구 억제는 생각보다 많은 이들에게 매력적인 선택지로 다가왔다. 대표적인 사례가 19세기 초 영국의 빈민법(스피넘랜드 법) 폐지다. '빈민층 인구가 늘어날 경우 사회공동체가 붕괴될 것이기에 자연도태시키는 것이 옳다'는 논거로 빈민 복지를 대거 포기해 버린 조치였다.

우리나라에서도 1961년 대한가족계획협회 창립과 함께 본격적인 인구 억제책이 실시됐다. 당시 슬로건을 살펴보면 변화상이 잘 나타나는데, 1960년대 슬로건은 '3.3.35원칙'이었다. 3년 터울로, 3명만, 35세 이전에 낳자는 의미다. 이는 1970년대 '딸 아들 구별 말고 둘만 낳아 잘 기르자', 1980년대 '둘도 많다'로 이어졌다. 약 10년 단위로 1명씩 줄어드는 것을 볼 수 있다.

우리나라에서도 다양한 인구 억제책이 시행됐다. 당시 가족계획 포스터를 통해 시대상을 유추할 수 있다.
ⓒ 국가기록원

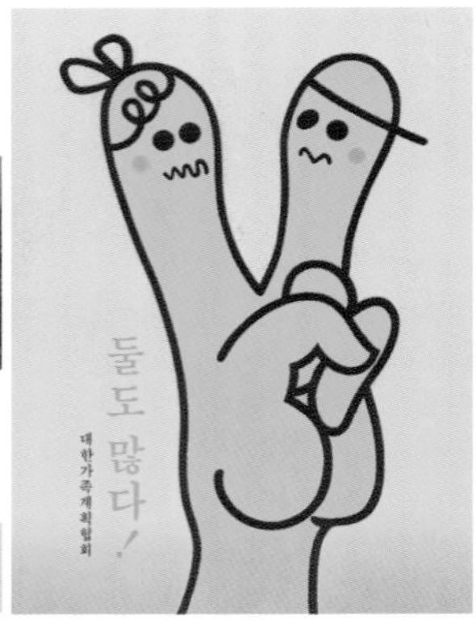

덕분에 우리나라 출산율은 드라마틱한 반전을 기록한다. 1950년대 6.3명에서 40년이 지난 1990년대 1.59명으로 거의 1/4 수준까지 떨어진 것이다. 급기야 정부는 1994년 출산억제정책 도입 32년 만에 이를 공식적으로 폐기했지만 한번 떨어진 출산율은 되돌릴 수 없었다. 2004년부터 본격 도입한 출산장려정책도 큰 도움이 되지 못했다. 2022년 합계 출산율은 0.78명으로서 세계 최저 수준에 머물러 있다.

중국 역시 대표적인 산아제한국가 중 하나다. 중국 정부는 1978년 '계획생육정책(计划生育政策)'을 도입하며 1가구 1자녀 정책을 강력하게 추진했다. 그 결과 2022년 인구 성장률이 60년 만에 처음으로 마이너스 성장을 보이며 인구감소를 눈앞에 두고 있다. 이에 중국 역시 얼마 전부터 세 자녀 정책을 도입하며 출산율 증가를 꾀하고 있지만, 한번 떨어진 출산율을 다시 올리긴 힘들어 보인다.

문제는 우리나라, 중국 모두 고령화의 덫에 빠지고 있다는 점이다. 2022년 기준으로 우리나라 65세 이상의 고령 인구는 전체의 17.5%에 달하고 있으며, 2025년에는 그 비중이 20%를 넘어 초고령 사회로 진입할 예정이다. 중국 역시 65세 이상의 고령 인구가 14%를 넘어 고령사회에 진입했다. 전반적인 인구가 줄어드는 와중에 부양할 인구는 많아지고, 반대로 부양능력이 있는 인구는 더욱 감소하는 형국이다. 이로 인한

| 고령인구(65세 이상) 비중 |

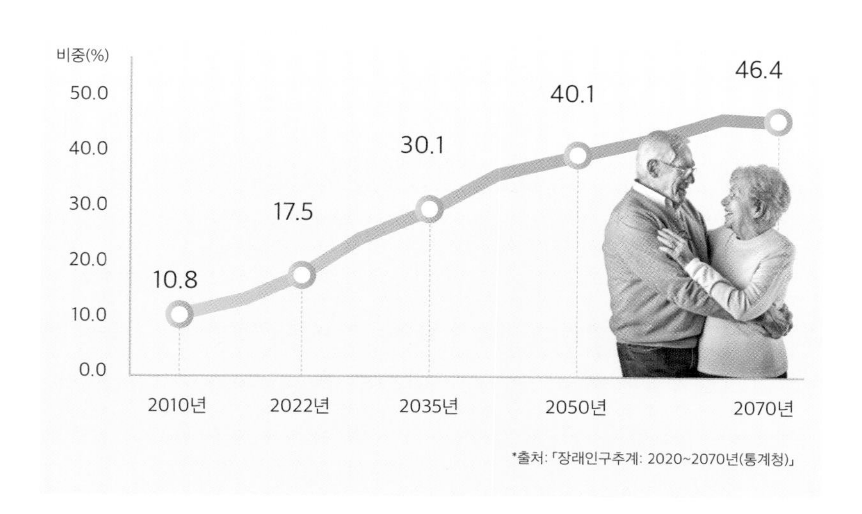

국내 고령인구 비율

우리나라 65세 이상의 고령 인구가 전체 17.5%를 넘었다(2022년 기준). 저출산 기조가 이어지면서, 국내 고령화 비율은 갈수록 올라갈 전망이다.

각종 경제·사회적 문제는 양국을 압박하고 있다. 결국 인위적인 인구조절은 예측할 수 없는 결과를 낳고, 장기적으로 고령화와 같은 악영향을 끼칠 수 있다는 선례를 남겼다.

무엇보다 인위적 인구조절책은 그 자체만으로 개인의 자유를 억압할 가능성이 있기에 또 다른 부작용을 불러올 가능성이 크다. 벌금, 강제 낙태 등 강압적 방법을 동원했던 중국의 경우 수많은 인권침해가 벌어졌으며, 남아선호사상과 1자녀 정책의 결합으로 남녀성비 불균형이 생겨 큰 사회문제로 자리 잡았다. 현재 중국 성비는 여성 100명 당 남성 114명으로, 전체 인구 14억 명을 대입하면 남성이 3천만 명이나 더 많다는 계산이다.

어쩌면 인위적 인구조절보다 삶의 질을 향상시키는 것이 더 효과적인 인구증가 대책이 될 수도 있다. 앞서 언급한 어스포올 연구진이 내놓은 2번째 시나리오가 이를 뒷받침한다. 연구진은 2040년 인구 정점(85억 명)을 빠르게 찍은 인류 인구가 점차 줄어들어 2100년 60억 명까지 감소한다고 예측했는데, 이를 충족하는 요건으로 크게 5가지를 꼽았다. 빈곤 감소, 불평등 완화, 여성 지위 향상, 지속 가능한 식량 시스템 구축, 에너지 전환이 성공적으로 이뤄질 때 출산율이 적절히 조절되며, 이에 따라 평균 웰빙 지수 역시 지속적으로 상승한다는 말이다.

▶ 숫자보다 중요한 것은 지속가능성

단순 인구수보다 더 중요한 것이 있음을 알려주는 또 하나의 예시가 있다. 글로벌생태발자국네트워크(GFN)가 매년 발표하는 '지구생태용량초과의 날(Earth Overshoot Day)'이다. 2022년도 지구생태용량초과의 날은 7월 28일이었다. 인류가 한 해, 즉 365일 동안 재생 가능한 전 지구의 생태자원을 8월이 오기도 전에 모두 소모했다는 뜻이다. GFN은 이에 대해 '연말까지 총 156일 동안 지구에 빚을 진 것'이라고 표현했으며, 이는 인류가 그만큼 지구 생태계에 큰 부담을 주고 있다는 의미로 해

2022년 지구생태용량초과의 날

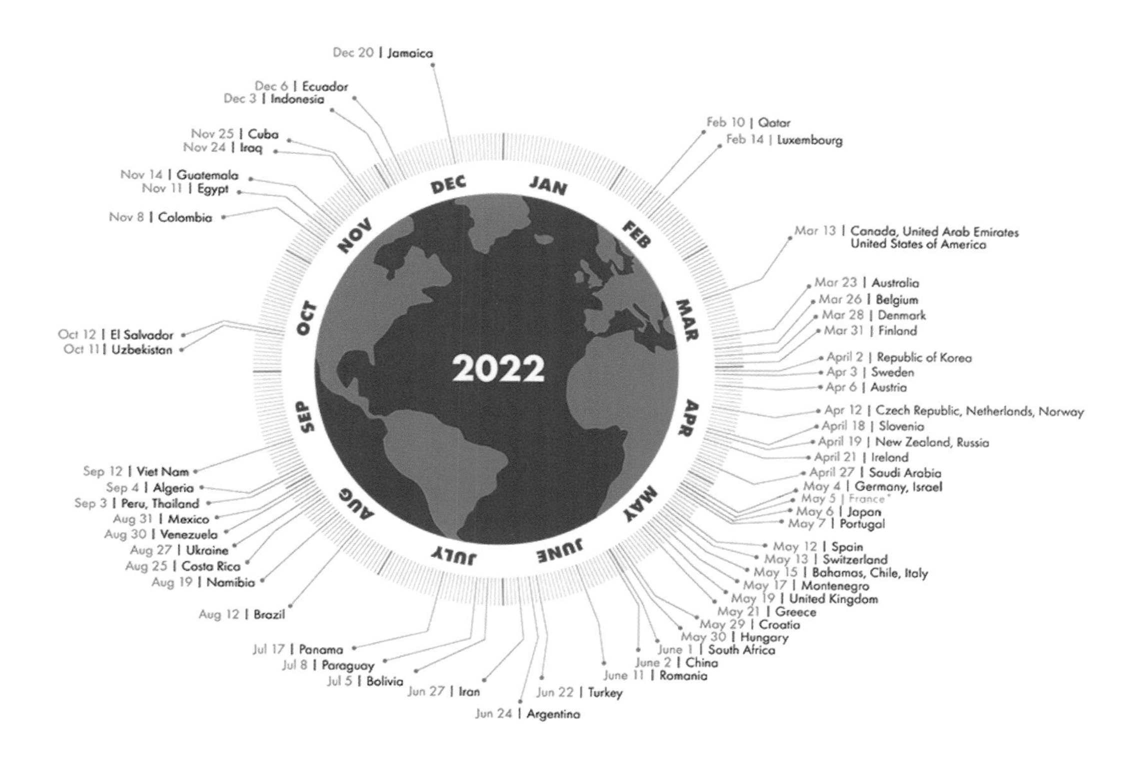

석할 수 있다.

GFN 자료를 살펴보면 나라별로 생태용량초과의 날이 크게 차이 난다는 사실을 알 수 있다. 일반적으로 경제 선진국일수록 생태자원을 더 빨리 사용하는 경향이 있는데, 미국(3월 13일), 독일(5월 4일), 일본(5월 6일)이 여기 해당한다. 우리나라 역시 4월 2일로 상당히 빠른 생태자원 소비 추세를 기록하고 있다.

주목할 점은 인구와의 상관관계다. 인구가 많다고 하여 생태용량초과의 날이 빨리 도래한다는 보장은 없다. 인구 2억 명이 넘는 인도네시아(12월 3일), 브라질(8월 12일)은 평균(7월 28일)보다 생태자원을 천천히 소모하고 있다. 이러한 점은 단순히 인구수 자체가 문제가 아님을 시사한다.

단순히 인구수가 많다고 자원을 빨리 소모하는 것은 아니다. 지구생태용량초과의 날은 이를 잘 보여준다.
©GFN

GFN의 계산에 따라 80억 인구의 현재 자원 소비량을 지속적으로 감당하기 위해선 지구가 1.75개 필요하다. 그런데 모든 지구인이 미국인과 같은 수준의 자원 소비를 한다면 어떻게 될까. 무려 5.1개의 지구가 필요하다는 결론이 나온다. 앞서 질문에 미국 대신 한국을 넣으면 지구 4개가 필요하다. 나라마다 경제 상황과 문화, 산업구조 등이 다르다는 사실을 감안해야 하겠지만, 같은 인구라도 효율적으로 자원을 소비하며 지속가능한 사회를 만들어 나가느냐, 그렇지 않느냐의 차이는 현격하다.

▶ 이미 심각한 식량위기, 지속가능한 농업·축산업 필요

구체적으로 인구증가로 인한 지구 과부화 대응책을 살펴보자. 가장 큰 난관으로 지적되고 있는 식량난은 이미 현재진행형 이슈로 꼽힌다. 유엔세계식량계획(WFP)이 2022년 발표한 보고서(Global Network Against Food Crisis)는 그 심각함을 잘 드러내고 있다.

보고서에 따르면 전 세계 53개국이 최소 식량위기(crisis) 상황에 처해 있다. 약 1억 9300만 명이 '식량부족으로 영양결핍 등 어려움을 겪고' 있는데, 이는 사상 최악이었던 2020년보다 무려 4천만 명이 늘어난 수치다. 특히 53개국 중에서도 절반이 넘는 36개국은 식량비상(emergency) 상황에 처해 있으며, 4개국은 식량재앙(catastrophe/famine) 단계에 들어섰다. 식량비상은 식량이 심각하게 부족해 영양실조를 겪고 있는 단계이며, 식량재앙 단계는 말 그대로 기근, 아사 등으로 재난 수준이라는 뜻이다. 문제는 이렇게 식량난에 처한 인구가 갈수록 늘어나고 있다는 사실이다.

식량비상 단계부터는 사실상 외부지원 없이는 정상적인 영양수급이 불가능하다고 봐도 무방하다. WFP는 분쟁, 정치·사회 불안정, 경제 충격 등이 식량난을 유발하는 주요 요인이라 분석했으며, 기후변화와 전쟁 그리고 팬데믹이 이를 부채질했다는 분석을 내놨다. 주목할 점은 현재 세계 인구 증가를 주도하는 있는 아프리카, 아시아의 저개발국이 주

아프리카인을 비롯한 수많은 사람이 식량부족으로 고통을 받고 있다. 사진은 야외에서 식사하는 아프리카 청소년들.

로 식량난에 빠져 있다는 아이러니한 사실이다.

그렇다면 식량난을 해결하기 위한 방법엔 무엇이 있을까? WFP는 보고서를 통해 즉각적인 지원, 국제기구의 연대 등을 해결책으로 제시했다. 반면 국제농업연구협의그룹(CGIAR)에선 좀 더 현실적인 대안을 제시했다. 기후친화적인 농업을 연구하자는 방안이다.

기후친화적 농업은 다양한 필수 영양소를 공급할 수 있으면서도, 온실가스를 덜 배출하는 방법을 찾는 것이다. 호주 디킨대 연구진은 학술지 《네이처 푸드(Nature Food)》 2022년 12월호에 발표한 논문(Climate-friendly and nutrition-sensitive interventions can close the global dietary nutrient gap while reducing GHG emissions)에서 야채, 뿌리채소, 덩이줄기 식물, 과일, 달걀 등이 해결책이 될 수 있다고 지적했다. 무턱대고 식량 생산량을 늘리기보다는 좀 더 효율적인 작물 재배를 통해 기후위기와 식량난을 동시에 해결할 수 있다는 분석이다.

중국 난징대 연구진은 그중에서도 감자에 주목했다. 이들은 세계 각국의 주식인 쌀, 밀, 옥수수, 감자와 기후위기와의 상관관계를 조사해 《네이처 푸드》 2021년 8월호에 발표했다(Promoting potato as staple

농촌진흥청이
농림식품기술기획평가원,
㈜다운과의 공동 개발로
국산화에 성공한 로봇착유기.
로봇착유기는 노동력 부족
해소와 디지털 낙농 구현이라는
두 마리 토끼를 잡을 수 있다.
ⓒ국립축산과학원

food can reduce the carbon-land-water impacts of crops in China). 중국인 식단에서 감자 비중을 30%까지 높이면, 탄소배출량(25%)과 토지 사용 면적(17%)을 크게 줄일 수 있다는 예측이다.

이에 더해 다양한 대안 농법도 조금씩 연구·실증되고 있다. 화학비료에 비해 환경영향이 적고 효능이 오래 가며 탄소저장 능력까지 높인 미생물 비료, 곤충이나 수생동물을 통해 해충 및 잡초를 제거하는 생물 농법 등이다. 도심에서도 재배 가능한 수직농장, 사물인터넷(IoT) 센서와 인공지능(AI)을 도입한 스마트 농업 등도 지속가능한 농업의 일환으로 주목받고 있다.

인류의 단백질 공급을 책임지는 축산업에서도 새로운 변화의 바람이 불고 있다. 배양육(『과학이슈 11 - 시즌 11』 참조)이 대표적이다. 생명윤리 문제를 차치하고서라도 가축을 기르는 데 사용되는 토지와 물은 지구에 큰 부담을 주는데, 동물세포를 배양해 제조하는 배양육은 이를 해결할 수 있다는 분석이다. 가축 사육으로 인한 온실가스 배출(전체

18% 수준) 역시 크게 줄일 수 있다.

2013년 배양육이 처음 세상에 나왔을 때는 신기한 기술에 불과했지만, 10년이 지난 지금은 어엿한 지속가능 먹거리이자 인구증가에 대한 대비책으로 각광받는다. 이미 2020년 싱가포르에서 처음으로 배양육 닭고기 '굿미트'를 승인해 판매가 이뤄지고 있다. 또 2022년 11월에는 미국식품의약국(FDA)이 배양육 닭고기의 안전성을 인정하면서 향후 배양육 판매가 궤도에 오를 것이라는 분석이다.

AI 도입 역시 축산업 생산성 증가의 한 축을 담당할 전망이다. 카메라, 마이크 센서 등을 설치해 동물의 동선과 상태를 실시간으로 측정하고 이를 관리하는 시스템을 구축하면 좀 더 효율적으로 가축 관리를 할 수 있다. 돼지 체중 측정, 착유처럼 노동력을 많이 소모하는 작업에서도 기술이 활용돼 생산성을 높이는 데 일조하고 있다. 관련 생체 정보는 실시간으로 연계·저장돼 기술 개선에 사용된다.

미래 단백질 공급원으로 꾸준히 각광받고 있는 곤충식량도 빼놓을 수 없다. 기존 축산업에 비해 단백질 효율이 월등하고, 재배하는 데 드는 자원 역시 크게 줄일 수 있다. 다양한 비타민과 미네랄을 함유하고 있어 영양학적 가치 역시 높다. 이에 2013년 국제연합식량농업기구(FAO)가 식용곤충을 미래식량자원으로 발표하며 식량위기를 해결할 대안으로 주목했다.

▶ 소비습관 바꾸고, 전 지구적 불균형 완화시켜야

생산성과 효율을 높이는 것만큼 중요한 것이 있다. 식단과 소비습관을 바꿔 지구에 가하는 부담을 줄이는 것이다. 영국 옥스퍼드대 연구진이 전 세계 식량 생산·소비를 추적해 내린 결론은 이를 잘 보여준다. 2018년 《네이처(Nature)》에 실린 해당 논문(Options for keeping the food system within environmental limits)에서 연구진은 육식을 줄이고 채식 기반 식단을 유지하는 것이야말로 인구 100억 시대에도 식량 시스템 생산량을 늘리는 것만이 능사는 아니다. 지금도 수많은 음식물쓰레기가 버려지고 있다.
ⓒ Pxhere

을 유지할 수 있는 핵심이라고 주장한다. 더불어 음식물쓰레기를 줄이고 농업 혁신이 이뤄질 때 우리는 기후변화, 농경지·담수 부족 등과 같은 위협에 대처할 수 있다.

한편 인구 증가의 또 다른 문제점인 자원(에너지)고갈 또한 재생에너지 확대라는 해결책이 있다. 에너지 생산과 식량 시스템 그리고 소비 행태가 친환경적으로 바뀔수록 탄소감축 또한 이뤄져 자연스럽게 기후변화 대응도 되니, 그 자체로 선순환 구조라 할 수 있다.

인구 80~100억 명 시대 마지막 과제는 불평등 해소다. 식량 생산을 예로 들어보자. 지구 어디에선가는 굶는 사람이 있지만, 반대로 버려지는 음식물쓰레기 역시 적지 않다. 유엔환경계획(UNEP)이 2021년 발표한 '음식물쓰레기 지표 보고서 2021(Food Waste Index)'에 따르면, 2019년 배출된 음식물쓰레기 양만 9억 3100만 톤에 달한다. 이는 전 세계 음식 생산량의 약 17% 수준이며, 관련하여 배출되는 온실가스만 전체 온실가스의 8~10%로 추산된다.

흥미로운 점은 국가의 부와 개개인의 영양사정이 일치하지 않는다는 것이다. '음식물쓰레기 문제는 부유한 나라의 전유물'이라는 기존 인

인구 80~100억 명 시대 마지막 과제는 불평등 해소다. 다 같이 삶의 질을 높이는 것이 장기적으로 모두를 위한 길이다.
© Pixabay

식이 틀리다는 분석이다. 실제 고소득 국가 가정의 인당 음식물쓰레기 배출량(76kg)은 전체 평균(74kg)과 큰 차이를 보이지 않았으며, 연간 가정 음식물쓰레기 189kg을 배출해 세계 1위를 차지한 나이지리아는 만성적인 기아로 고통 받고 있는 나라 중 하나다. 지속가능한 방법을 통해 식량 생산량을 늘리고 탄소배출을 줄이더라도, 여전히 인구 상당수는 식량난으로 고통받는다는 얘기다.

현재 인구증가를 이끄는 아프리카와 아시아 지역 상당수는 상대적으로 선진국이 아닌 나라이며, 각종 위생·교육·의료 인프라가 부족한 곳이다. UN은 콩고민주공화국, 이집트, 에티오피아, 인도, 나이지리아, 파키스탄, 필리핀, 탄자니아 등을 2050년까지 인구증가를 이끌 대표적 국가로 지목했다. 즉 새로이 늘어난 인구 상당수는 빈곤, 굶주림, 비위생,

문맹에 시달릴 가능성이 높다. 반대로 인프라와 경제가 구비된 선진국일수록 저출산 현상이 이어져 노동력 부족을 걱정할 처지인데, 이러한 경제·노동·사회적 불균형은 각종 분쟁, 자원 경쟁, 비효율적 생산과 소비로 연결될 가능성이 높다. 또 전쟁과 생활고로 인한 이민과 난민의 증가는 또다시 국제분쟁의 도화선이 되며 악순환을 만든다.

생물다양성의 보고인 아마존 밀림은 각국의 경제적 사정이 인류 전체의 공존보다 우선시되고 있음을 잘 보여준다. 당장의 경제발전과 생활고 해소가 시급한 브라질 사람들에게 밀림 보전은 사치에 가깝다. 이 때문에 아마존 밀림은 난개발이 이어지며 이산화탄소 흡수량보다 배출량이 많아지게 됐고, 인류는 한때 '지구의 허파'라 불렸던 곳을 잃어버릴 처지에 놓였다.

앞서 언급한 선순환과는 반대로, 이러한 악순환은 전체 지속가능성을 위협하는 요인이 된다. 결국 기술을 발전시키고 올바른 식량 생산·소비 시스템을 구축하는 것만으로는 인구 80억 명 시대에 올바르게 대처할 수 없다. 우리는 이에 더해 불균형을 완화시키는 작업 역시 필수적으로 진행해야 한다. 2015년 제70차 UN총회에서 결의한 지속가능발전목표(SDGs)에서도 '단 한 사람도 소외되지 않는 것(Leave no one behind)'이라는 슬로건을 내세우며 인류 공동의 17개 목표를 제시한 까닭이다. 그중에서도 특히 10번째 목표인 국내 및 국가 간 불평등 감소(reduced inequalities)를 눈여겨볼 필요가 있다. 국가 내에선 저소득층 수입 증가, 모든 이에 대한 포용 증진, 정책적 접근을 통해 불평등을 해소하며, 국가 간 불평등 분야에선 세계 경제·금융시장 규제와 개발도상국 대표성 강화, 이주와 이동의 안전성 보장이 필요하다는 분석이다. 특히 개도국·저개발국에 대한 기술·재정·교육 지원을 요구하는 목소리가 높다.

2022년 11월 이집트 샤름엘셰이크에서 진행된 제27차 유엔기후변화협약 당사국총회(COP27)에선 이러한 목소리를 적극적으로 반영했다. 기후변화를 막아야 한다는 당위성에는 모두가 동의하지만, 이에 대한 실천(화석연료 사용 감소, 친환경차 확충, 탄소세 도입 등)은 경제·사회적으로 큰 영향을 끼친다. 이 때문에 이해타산이 다른 각국은 당초 폐막일을 이틀이나 미룰 정도로 이견을 좁히지 못했다.

이렇게 어렵게 합의된 '샤름엘셰이크 이행계획'의 핵심 내용이 손실과 피해(loss and damage) 대응 기금이라는 점은 의미심장하다. 선진국들이 기후재해로 고통을 겪은 개발도상국들에 지원을 약속함으로써 고통을 분담하겠다는 것이다. 향후 시행계획·자금 확보 등 세부사항이 확정되지 않았다는 한계에도 불구하고, 불평등을 해소하는 것이 기후변화 대응의 핵심이 됐음을 보여주기엔 충분한 성과다.

이와 함께 선진국의 교육, 기술 분야 공적개발원조(ODA) 역시 활발히 진행되고 있다. 개도국이 자체적으로 역량을 확보함으로써 자립할 수 있는 기반을 마련해 주는 것이다. '물고기를 주는 것보다 낚시하는 방법을 가르쳐 주는 것이 낫다'는 격언을 실천하는 방법이다.

결론적으로 인구 증가 자체는 문제가 아니며 지속가능한 식량·에너지 생산 시스템 구축, 이에 더해 전 지구적 불평등 완화를 통해 모두가 삶의 질을 높일 수 있을 때 우리는 문제를 해결할 수 있다. 특이점을 넘는 기술이나 천재의 발상이 아니라 '공생'과 '협력'이라는 진부한 가치가 인구 80억 명 시대의 해결책이라는 사실이 흥미롭다. 인류는 과연 맬서스와 타노스의 우려가 그저 기우에 불과했음을 증명할 수 있을까?

10

ISSUE 10 원자력

소형모듈 원자로

김상현

대학에서 기계설계 및 공업디자인 전공했다. 본래 과학자가 꿈이었으나 능력의 한계를 느껴 그들의 이야기를 알리는 작가가 되자고 마음먹었다. 동아사이언스 등에서 과학에 대한 글을 썼고 라디오를 통해서 과학 이야기를 전하고 있다. 현재는 칼럼니스트로 글을 쓰는 것과 동시에 다양한 과학 관련 영상 제작에 참여하고 있다. 유튜브 채널 '울트라고릴라 TV'에서 '위클리사이언스뉴스'를 진행했다. 집필한 책으로 『어린이를 위한 인공지능과 4차 산업혁명 이야기』, 『어린이를 위한 4차 산업혁명 직업 탐험대』, 『지구와 미래를 위협하는 우주 쓰레기 이야기』, 『인공지능, 무엇이 문제일까?』 등이 있다. KAIST 지식재산전략최고위과정에서 최우수 연구상을 받았다.

소형모듈원자로(SMR)가 열어가는 친환경 에너지 시대

바야흐로 에너지 전쟁 시대다. 에너지가 국가 권력이 된 것은 이미 오래된 이야기지만 최근에는 그 강도가 점점 강해지고 있다. 이제는 세계 최강국을 자부하는 미국의 대통령이 유가 안정을 호소하기 위해 사우디아라비아에 직접 찾아가서 무하마드 빈살만 왕세자와 주먹 인사를 나누는 시대가 됐다.

미국 대통령 앞에서 주먹 인사도 나누고 웃음도 보였던 사우디는 미국 대통령이 돌아가자 뒤통수를 쳤다. 다른 산유국과 함께 대규모 석유 감산 결정을 내린 것이다. 현 세계 패권에서 에너지가 가진 힘이 얼마나 무시무시한

지 알려주는 대표적 사례다.

국제에너지기구(IEA)가 발표한 '세계 에너지 전망 2022년(World Energy Outlook 2022)'을 보면 세계 석유 수요는 고유가 영향을 뚫고 펜데믹 이전인 2019년 수준을 넘어설 것으로 보고 있다. 2030년대 중반이 되면 1억 300만 b/d(하루에 1억 300만 배럴을 소비)로 정점을 이룰 것으로 예상했다.

▶ 전기를 제압하는 자가 세계 경제를 제압한다

현재는 석유가 가진 권력의 많은 부분을 전력이 담당하고 있는 모양새다. IEA는 전체 에너지 소비에서 전력의 비중이 2021년 20%에서 2030년에는 22%까지 증가할 것으로 보고 있다. 이는 화석연료 사용의 많은 부분을 전기차(EV)와 히트펌프가 대체하기 때문이라는 분석도 함께 내놓았다. 보고서에서는 자세하게 다루지 않았지만, 데이터 및 인공지능(AI) 이용을 위해서 데이터센터에서 사용하는 전력도 무시할 수 없다.

대표적 IT 기업인 구글은 2020년 기준으로 연간 15.5TWh(테라와트

구글데이터센터. 대표적 IT 기업 구글은 세계 곳곳에 데이터센터를 두고 있는데, 이곳에서 많은 전기를 사용한다.
ⓒ google

시)의 전기를 사용했다. 이 중 대다수가 세계 곳곳에 있는 데이터센터에서 사용한다. 인터넷 사용과 AI 발전이 기하급수적으로 증가하면서 데이터센터의 규모는 계속 커지고 있고 전기 소모량도 덩달아 늘어나고 있다. 구글뿐만 아니라 세계 각국에서 이미 데이터센터 확보에 열을 올리고 있다. 우리나라도 예외는 아니다.

데이터센터가 사용하는 전기 소모량이 감당되지 않을 정도로 커지자 국내에서는 데이터센터에 전력 공급을 거부할 수 있도록 하는 법적 근거까지 마련했다. 2023년 3월 9일 산업통상자원부가 전력 계통에 지나친 부담을 줄 것으로 예상되는 경우에 전기 공급을 거부할 수 있는 '전기사업법 시행령'을 시행한다고 밝힌 것이다. 이 시행령은 주로 수도권에 몰려 있는 데이터센터를 겨냥하고 있다.

2022년 말 기준 국내에는 147개 데이터센터가 있는 것으로 파악됐다. 이들은 무려 1762MW의 전기를 사용했다. 산자부는 2029년까지 신규 데이터센터가 732개까지 늘어날 것이며 사용하는 전력량도 4만9397MW까지 치솟을 것으로 전망했다.

전기 사용량이 증가함에 따라 함께 관심이 높아지는 분야가 바로 환경이다. 인류는 전통적으로 주로 화석연료를 사용하여 전기를 생산하기 때문이다. 전기를 생산하기 위해서 화석 연료를 태우면 대기 중에 이산화탄소 같은 온실가스가 방출된다. 온실가스는 알다시피 지구 온난화를 촉진하는 주요 요인이다. 그래서 최근에는 전력 생산 기반을 화석 연료에서 태양열, 풍력 등의 재생 가능 에너지로 전환하는 것이 세계적 유행이다.

재생 에너지는 태양광 및 풍력 발전 비용의 하락과 재생 에너지 채택을 지원하는 정부 정책에 힘입어 최근 몇 년간 가장 빠르게 성장하는 전력 생산원이 됐다. 하지만 모든 국가에서 재생 에너지가 각광받고 급격하게 성장하는 것은 아니다. 특히 자연에너지를 사용할 수 있는 환경이 뒷받침되지 않는 나라에서는 재생 에너지로의 에너지 전환이 녹록지 않다. 그래서 개발도상국들을 필두로 원자력 에너지 활용을 고려하는 나라가 늘어가고 있다.

그동안 과연 원자력이 '청정에너지인가'하는 논란은 계속 있었고 지금도 첨예한 대립이 이뤄지고 있다. 단지 2022년 2월 유럽연합(EU) 집행위원회가 원자력 발전과 천연가스를 녹색경제 활동으로 인정하는 '그린 택소노미' 최종안을 발표하면서 일부분 결론이 났다는 분위기를 타고 있다. 우리나라도 2022년 12월에 한국형 녹색분류체계(K-택소노미) 지침서에 원전 신규 건설, 원전 계속 운전, 원자력 관련 연구·개발·실증 등 원전 경제활동을 신설하면서 이 분위기에 편승했다. 본격적으로 원전에 '친환경' 인증 도장을 찍어준 것이다.

▶ 세계는 탈원전에서 원자력 시대로 회귀

원자력 발전은 원자의 핵이 분열하면서 발생하는 열에너지를 이용해 전기를 생산한다. 핵분열은 무거운 원소의 원자핵과 중성자가 충돌하면서 시작한다. 원자력 발전에서 가장 일반적으로 사용하는 무거운 원소는 우라늄-235와 플루토늄-239이다. 중성자가 우라늄-235와 플루토늄-239 등의 원자핵과 충돌하면 두 개의 더 작은 원자핵으로 분열하고 그에 상응하는 에너지를 방출하는 원리다.

핵분열 과정에서는 일반적으로 두 개 이상의 중성자가 추가로 방출된

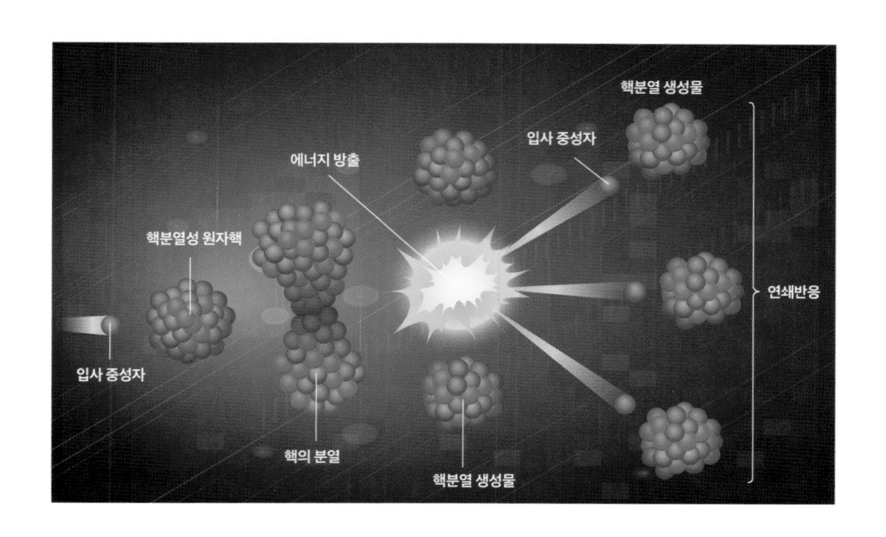

핵분열의 원리

우라늄-235가 중성자를 흡수하면 원자핵이 2개로 쪼개진다. 핵분열이 일어날 때는 열에너지와 함께 2~3개의 중성자도 함께 나온다.

다. 이 중성자들은 다른 무거운 원자핵과 충돌하면서 추가적인 핵분열을 일으키는 체인 반응을 유발해 더 많은 에너지를 방출한다. 원자력 발전소는 이렇게 발생한 열에너지로 증기를 생성한다. 생성된 증기는 고압으로 터빈을 돌린다. 터빈이 회전하면서 만들어 내는 기계적 에너지를 전기 에너지로 변환하는 것이 원자력 발전이다.

다만 핵분열 과정에서 발생하는 방사성 폐기물이 문제다. 방사성 폐기물은 환경에 영향을 미치는 것뿐만 아니라 사람의 생명까지 순식간에 빼어갈 수 있다. 그러므로 당연히 안전하게 처리하고 저장해야 한다. 이미 인류는 커다란 원자력 발전 사고의 피해를 목격한 바 있다. 대표적인 사고가 1986년 체르노빌 원전 사고와 2011년 후쿠시마 원전 사고다. 특히 후쿠시마 사고 이후로 세계 곳곳에서 원자력 발전에 대한 회의론이 커지기 시작했다.

하지만 최근 우크라이나·러시아 전쟁으로 에너지 대란이 계속되고 세계 각국이 '탄소중립' 달성을 강요하는 사례가 증가하면서 원자력 발전 확대 여론이 다시 고개를 들고 있다. 가장 적극적으로 원자력 회귀를 꾀하는 나라로 프랑스를 들 수 있다. 에마뉘엘 마크롱 프랑스 대통령은 2022년 2월, 2050년까지 최대 14기의 신규 원전 건설과 기존 원자로의 폐쇄 일정 중단을 담은 '원전 르네상스' 계획을 발표했다. 이제는 후쿠시마 원전 사고의 당사자인 일본마저 원자력 발전 카드를 꺼내 만지작거리고 있을 정도다.

2022년 11월 기준으로 세계 33개 국가에서 439기의 원자로가 운영 중이다. 총 설비용량은 394.6GW다. 새로 건설하고 있는 원자로도 적지 않다. 18개 국가에서 58기의 원자로가 건설 중에 있으며 총 설비용량만 약 60.2GW에 달한다. 나라별로 보면 중국이 가장 많은 19기의 원자로를 건설하고 있으며, 인도가 8기, 러시아, 튀르키예(터키)가 4기씩, 일본과 한국이 사이좋게 3기씩 원자로를 새롭게 건설하는 중이다.

우리나라는 새 정부 출범 후 탈원전 정책을 폐기하고 2022년을 '원전 산업 재도약 원년'으로 규정하며 어느 때보다 원전 확대에 적극적인 모습으로 변모했다. 2022년 7월에는 '새 정부 에너지정책 방향'을 통해 2021년 27.4%였던 원전 비중을 2030년까지 30% 이상으로 확대하겠다고 밝혔다.

원전 수출에도 적극적이다. 윤석열 대통령은 2022년 12월 14일 진행된 신한울 1호기 준공 기념행사 축사에서 "원자력 발전 산업을 수출을 이끌어 가는 버팀목으로 만들겠다"라고 선언했다. 한국의 첫 원전 수출 사례는 아랍에미리트(UAE) 바라카 원전이다. 2021년과 2022년 1, 2호기 가동을 시작했고 3호기는 2023년 2월 상업운전을 시작했다. 4호기는 건설 중이다. 수주 금액만 200억 달러에 달하는 거대 프로젝트다. 한국이 만들고 있는 바라카 원전은 금액만 어마어마한 게 아니라 규모도 입이 떡 벌어진다. 가로 8km, 세로 1.8km로 여의도 면적의 4배다. 원전 4기 건설이 동시에 진행되는 프로젝트로 막대한 물량과 인력이 투입됐다.

다만, 이런 거대 프로젝트를 선뜻 시작할 수 있는 국가는 그다지 많지 않다. 특히 경제력이 약한 개발도상국이나 전력망의 규모가 작아 대형 원전을 지을 수 없는 나라, 넓은 국토에 인구가 분산돼 있어서 송전망 구축에 과도한 비용이 소요되는 나라의 경우에는 원자력 발전소 건설이 어려울 수밖에 없다. 그러므로 좀 더 적은 비용으로 빠르게 건설할 수 있는 원전이 필요하다. 크기까지 작아서 부지 확보에도 유리하다면 금상첨화다. 이런 요구에 맞춰 개발된 것이 바로 소형모듈원자로(Small Modular Reactor, SMR)다.

아랍에미리트(UAE) 바라카 원전. 한국의 첫 원전 수출 사례다.

▶ 소형모듈원자로의 특징과 장점

SMR은 기존 원자로보다 크기가 작은 핵분열 원자로의 일종이다. 이 원자로는 원자력 발전소 부지에서 직접 만드는 것이 아니라 공장에서 미리 제조한 후 발전소로 운반해서 조립하도록 설계됐다. 일반적으로 300MW 미만 용량으로, 1000MW 이상의 용량을 가진 일반적인 상업용 원자로에 비해 전력 생산량이 적다. 최근에는 안전기술이 발전하면서 300MW보다 큰 원자로라도 일체형이면 SMR로 분류하기도 한다.

이미 세계 곳곳에서 각기 다른 특성과 특징을 가지고 있는 다양한 유형의 SMR을 개발하고 있다. SMR은 크게 경수로(Light Water Reactors), 고속 중성자 원자로(Fast Neutron Reactors), 고온 가스 원자로(High-Temperature Gas Reactors)의 세 가지 유형으로 분류할 수 있다.

경수로는 현존하는 대부분의 원자력 발전 원자로와 유사한 방식이다. 냉각수와 감속재(핵분열로 생긴 고속 중성자의 속도를 늦추는 물질)로 일반 물을 사용하는 SMR이다. 고속 중성자 원자로는 감속재가 없는 것이 특징이다. 고에너지 중성자로 연료에서 핵분열을 일으키는 방식이다. 연료 효율성과 폐기물 감소 측면에서 장점을 가지고 있다. 마지막으로 고온 가스 원자로는 헬륨 또는 이산화탄소를 냉각재로 사용하고 흑연을 감속재로 사용한다. 고온에서 작동할 수 있어 잠재적으로 효율성을 높이고 수소 생산과 같은 산업용 응용 분야에 활용하기 쉽다.

미국 원전기업 뉴스케일의 SMR 개념도. 냉각재가 자연순환 되는 것이 특징이다.
ⓒ NuScale

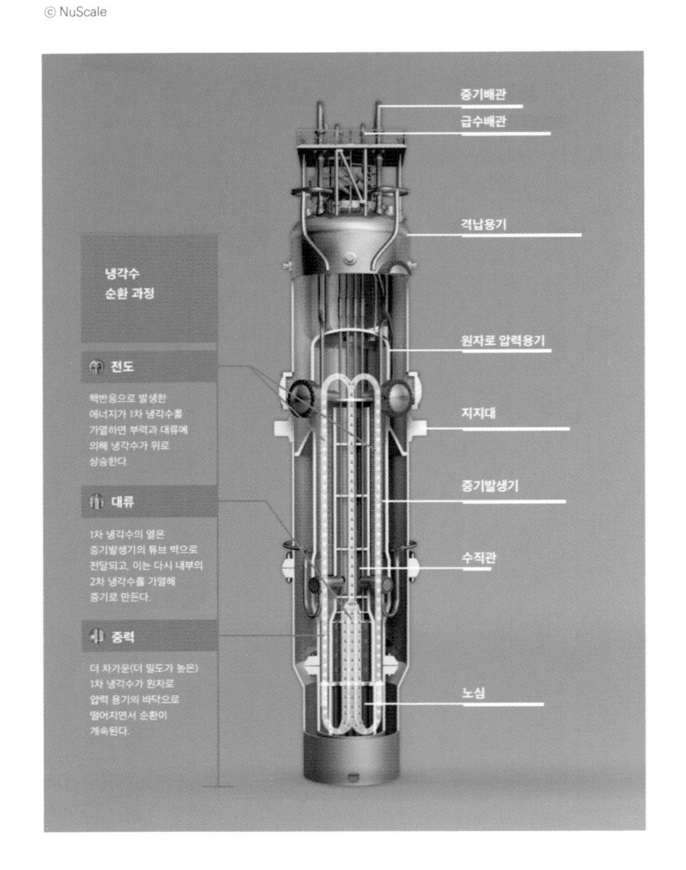

이렇게 유형은 다양하지만, 대부분 핵분열 반응이 일어나는 원자로 노심, 냉각재 시스템, 핵반응을 조절하는 제어봉, 압력 용기, 안전을 위한 격납 구조물, 열에너지를 전기 에너지로 변환하는 발전기 등의 주요 구성 요소를 포함하고 있는 것은 동일하다. 이러한 구성 요소는 SMR 설계를 어떻게 하는가에 따라서 같이 사용할 수도 있고 개별적으로 장착할 수도 있다.

원리만 따지면 일반 원자로와 크게 다를 것이 없어 보이는 SMR만의 장점은 무엇일까? 가장 중요한 것은 바로 유연성이다. SMR은 크기가 작고 모듈화되어 있어 대형 원자로를 수용할 수 없는 발전소에도 사용할 수 있다. 일반 발전소보다 적은 용량의 전력을 생산하지만, 수요가 증가하면 쉽게 추가가 가능하다. 기존 원전들이 냉각수 공급 때문에 주로 바닷가에 위치해야만 하는 운명을 가진 것과 달리 SMR로는 기후, 지형을 가리지 않고 원전을 세울 수 있다.

두 번째로 생산 비용의 절감을 꼽을 수 있다. 원자로 크기가 작아 초기 자본 비용이 적게 들기 때문이다. 일반 원자로가 5조 원에서 10조 원 단위의 건설비용이 드는 것에 비해 SMR은 3,000억 원 정도면 제작이 가능하다. 재정이 부족한 개발도상국도 쉽게 지갑을 열 수 있을 만한 금액이다.

안전 면에서도 기존 원자로에 비해 탁월하다. 원자로가 오작동했을 때 원전이 자동으로 정지하고 냉각하는 것은 물론이고 원자로 크기가 작아 수조에 넣거나 자연대류 방식으로도 냉각이 가능하다. 방사능 재고량이 적기 때문에 만에 하나 사고가 발생하더라고 방사능 방출 가능성이 적다는 점도 장점이다. 핵연료 교체 주기도 기존 원자로에 비해 월등히 길어 핵폐기물 문제 해결에도 도움을 줄 수 있다.

▶ 점점 성장해가는 소형 모듈 원자로 시장

원자로를 소형화하는 연구는 해군, 특히 잠수함에서 사용하는 원자력 발전 개발과 밀접한 관련 있다. 미국은 1950년대부터 해군 함대에서 소형 원자로를 운영해 왔다. 이런 소형 원자로가 SMR의 조상이다. 군용이 아닌 상업

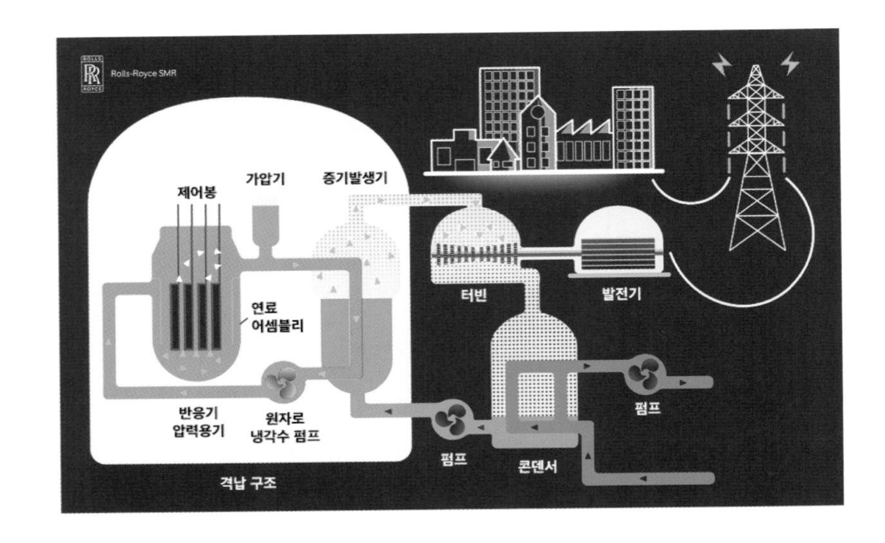

영국 롤스로이스가 제안한 SMR 개념도.
ⓒ Rolls-Royce

용 소형 원자로에 대한 관심은 20세기 말과 21세기 초에 높아졌다. 이 당시 이미 다양한 설계가 제안되었으며 지금까지 여러 국가와 기업에서 개발해 왔다. 시장 규모도 계속 증가하고 있다. 글로벌 시장조사 기업인 얼라이드마켓리서치는 2030년 세계 SMR 시장이 188억 달러(약 24조 6,000억 원) 규모까지 성장할 것으로 내다봤다.

SMR 개발에 가장 적극적인 나라는 역시 미국이다. 원전기업 뉴스케일(NuScale)과 GE 히타치 뉴클리어 에너지(GE Hitachi Nuclear Energy) 등이 SMR 제작에 앞장서고 있다. 다만 안타깝게도 각종 규제에 묶여 실제로 가동 중인 SMR은 아직 없다. 그러던 중 2020년 8월 뉴스케일의 원자로가 미국의 독립 연방기관인 원자력 규제 위원회(Nuclear Regulatory Commission, NRC)로부터 50MW 전기를 생산하는 원자로 모듈에 대한 표준설계인가를 획득하면서 세계의 주목을 받고 있다. 이 회사는 아이다호주에 첫 번째 SMR 공장을 건설할 계획이며, 2020년대 후반에 가동이 시작될 것으로 예상된다. 마이크로소프트 창업주인 빌 게이츠와 손을 잡은 GE 히타치 뉴클리어 에너지도 2030년대 중반에 미국 온타리오주에 있는 발전소에서 SMR 가동을 개시할 것으로 예상되는 계약을 체결했다.

미국 외에도 영국, 러시아, 중국, 캐나다 등이 SMR 개발에 박차를 가하고 있다. 영국은 2015년 원자력 혁신을 촉진하기 위해 SMR 경진대회를 열었다. 영국에 가장 적합한 SMR 설계를 발굴하자는 것이 속내였다. 현재 영국에서 가장 활발하게 SMR 개발에 매진하고 있는 업체는 롤스로이스다. 롤스로이스는 아시스템(Assystem, 엔지니어링), 앳킨스(Atkins, 엔지니어링 & 컨설팅), 밤 누탈(BAM Nuttal, 건설), 국립원자력연구소(원자력), AMRC(첨단 제조) 등 여러 회사 및 연구소와 손잡고 영국형 SMR을 개발하고 있다. 롤스로이스가 제안한 영국 전용 SMR은 약 440MW급이다. 롤스로이스의 설계는 경제성, 안전성 및 효율성에 중점을 두고 원자력을 더 많은 잠재적 사용자에게 더 쉽고 매력적으로 보이도록 하는 것을 목표로 한다. 최근에는 자동차만 한 소형 원자로를 만들어 달로 쏘아올리겠다는 야심찬 계획도 발표했다.

러시아는 미국 못지않은 원자력 발전 역사를 갖고 있다. SMR 개발에도 선도적인 모습을 보여주고 있다. 가장 주목할 만한 내용은 아카데믹 로모노소프(Akademik Lomonosov)의 현장 배치다. 아카데믹 로모노소프는 러시아 국영 원자력 기업인 로사톰(Rosatom)이 개발한 해상 부유식 원자력 발전소다. 이는 35MW 가압 경수로인 KLT-40S 두 대가 탑재된 선박이다. 이 부유식 SMR의 최대 장점은 외딴 지역에 전력을 공급할 수 있다는 점이다. 아카데믹 로모노소프는 이미 러시아 추코트카 지역의 고립된 도시 페벡에 전력을 공급하기 시작했다. 로사톰은 아카데믹 로모노소프 외에도 50MW 용량의 RITM-200 설계도 진행하고 있다. 이 원자로는 전력 산업과 쇄빙선 등의 추진 용도에 모두 적용될 수 있다.

러시아의 로사톰이 개발하고 있는 '아카데믹 로모노소프'. 해상 부유식 원전이다.
© Rosatom

중국의 원자력 투자는 유명하다. 이미 125MW급 ACP100 및 210MW급 HTR-PM를 포함한 여러 SMR 설계에서 많은 진전을 보이고 있다. 바다에 처음 SMR을 건설한 것이 러시아라면 중국은 세계 최초로 육지에 SMR을 건설하는 나라로 기록될 것이 유력하다. 주인공은 '링룽(玲龍) 1호'이라고 이름 지어진 SMR로 2026년 125MW급 본격 가동을 목표로 하고 있다. 중국은 원자력 기술 분야의 글로벌 리더가 되는 것을 목표로 하고 있으며 다른 국가에 설계를 수출하고 있을 만큼 기술적으로 성장했다.

캐나다는 2023년 4월 우리나라와 스마트(SMART) 원전 활용을 위한 업무협약을 맺어 국내에서 화제가 되기도 했다. SMART는 1997년부터 한국원자력연구원이 개발한 전기출력 110MW급 중소형 원자로다. 한국원자력연구원은 2012년 스마트에 대한 표준설계인가를 획득했다. 이는 원자로에서 발생할 수 있는 각종 사고를 시뮬레이션해 안전성을 확보했다는 의미다.

▶ 한국형 소형모듈원자로 SMART와 i-SMR

한국형 소형모듈원자로 SMART는 한국원자력연구원이 1997년부터 소규모 전력 생산 및 해수 담수화 시장을 겨냥해 개발한 '수출전략형 원자로'다. 원자로를 이루는 주요 기기들이 대형 배관으로 연결된 대형 원전과 다르게 증기발생기, 가압기, 원자로 냉각재 펌프 등 원자로계통 주요 기기들을 하나의 원자로 압력용기 안에 설치한 일체형으로 설계됐다. 또 주요 기기를 모듈(module) 형태로 설계한 모듈형 원자로다.

SMART 개발에는 총 15년의 기간과 약 1500명의 인원, 3,103억 원의 비용이 투입됐다. 1997년 개념설계를 시작으로 2002년까지 모든 설계를 마치고 곧바로 실증로 개발에 착수했다. 2009년 1월에는 'SMART 기술검증 및 표준설계인가 획득 사업'에 돌입했으며 약 4년 만인 2012년 7월 4일 표준설계인가를 획득했다. 이는 SMR에 대해 인허가를 받은 세계 최초 사례다. 표준설계인가란 동일한 설계의 발전용 원자로를 반복적으로 건설하고자 할 경우 인허가 기관이 원자로 및 관계시설의 표준설계에 대해 종합적인 안전성을 심사하여 인허가를 주는 제도를 뜻한다.

SMART의 가장 큰 특징은 단연코 안전이다. 일체형 설계로 주요 기기

한국원자력연구원이 개발한 소형모듈원자로 '스마트(SMART)'.
ⓒ 한국원자력연구원

를 잇는 배관이 파단되면서 생기는 '대형 냉각재 상실사고' 가능성을 원천적으로 제거했다. 또한 전원 없이 자연현상인 대류에 의해 냉각수를 순환시키는 '피동 잔열 제거 계통'을 채택했다. 덕분에 원전에 전원이 완전히 끊겨도 20일까지 노심의 잔열 제거가 가능하다.

원자로 출력에 비해서 크게 설계된 원자로 건물도 안전을 위한 장치다. 또한 전원 없이 작동하는 화학적 수소결합기를 채택해서 수소폭발 가능성까지 원천 차단했다. 사고가 발생해도 전원 없이 중력의 힘으로 원자로 주위 공간을 물로 채울 수 있도록 해 노심용융도 발생하지 않는다. 원자로 용기 외벽을 지속적으로 냉각해 원자로 용기의 건전성도 유지한다. 지진, 쓰나미, 항공기 충돌 등 외부 충격에 안전한 것은 물론이다. 원자력연구원 측은 현재 SMART의 기술력이 최근 미국에서 인허가를 득한 뉴스케일의 SMR과 동등한 수준이라는 입장을 피력하고 있다.

이제 우리나라는 SMART 개발에 만족하지 않고 업그레이드 SMART 원전 격인 179MW급 혁신형 SMR(i-SMR) 기술개발에 뛰어들었다. 한국원자력연구원과 원전 운영사인 한국수력원자력이 기본 설계를 진행하고 있는 혁신형 SMR 기술개발사업은 2022년 5월 예비타당성 심사를 통과했다.

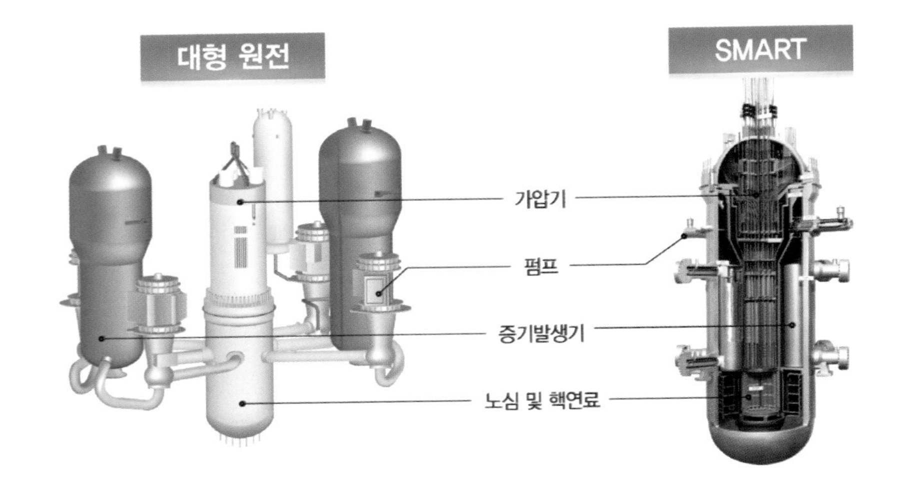

대형 원전과 SMRT의 비교.
ⓒ 한국원자력연구원

2028년까지 인허가를 받고 2030년대부터 수출하는 것을 목표하고 있다. 총 사업비는 3,992억 원이다.

i-SMR은 출력증감 유연성을 높이기 위해서 4개 SMR 모듈을 기본 배치하는 방식을 택했다. 원자로 잔열을 제거하기 위한 냉각능력을 최대화하고자 30일 이상 수냉각과 공기냉각을 사용하고 4개 모듈을 동시에 제어하는 단일 제어방식으로 설계했다. i-SMR 4기를 모으면 600MW급 기존 화력발전소 대체도 가능하다. i-SMR은 공장에서 사전 제작해서 24개월이면 원전 건설을 완료할 수 있다. 정부는 i-SMR이 현재 신형 원전보다 1000배 안전하다고 공언하고 있다.

새로운 대한민국 대표 SMR이 될 i-SMR의 고향은 천년고도 경주시가 될 예정이다. 정부는 2023년 3월 15일 'SMR 국가산업단지' 최종후보지로 경주시를 확정했다. 이를 통해 2030년까지 경주 문무대 일원에 150만㎡ 규모의 SMR 국가산단이 들어서게 된다.

국내 규제 당국도 정부 기조에 보조를 맞추고 있다. 원자력안전위원회는 대한민국의 SMR 수출을 위해 선제적으로 인허가 규제를 마련하기로 했다. 대형 원전과는 설계와 기술이 다른 만큼 초기 설계 단계부터 개발자와 소통해 효율적이고 신속한 인허가 체계를 만들겠다고 발표했다.

SMR 국가산단 조감도.
ⓒ 경주시

▶ SMR 수출은 문제없을까?

그럼 SMR 수출에 걸림돌은 없을까? 일부 전문가들은 아직까지 해결해야 할 다양한 문제가 남아 있다고 말한다. 먼저 전력 생산 비용을 걸림돌로 보고 있다. 《MIT 테크놀로지 리뷰(MIT Technology Review)》는 미국의 경우 그동안 시간이 흐르면서 SMR의 전력 생산 비용이 많이 증가했다고 전했다. 이를 뒷받침하듯 2023년 1월 뉴스케일은 아이다호 발전소 프로젝트의 전력 가격이 MWh당 58달러(한화 약 7만 6,000원)에서 89달러(약 11만 6,000원)로 인상됐다고 발표했다. 이는 태양열, 풍력, 대부분의 천연가스 발전처럼 오늘날 사용 중인 대부분의 친환경 전력원에 비해 비싼 수준이라는 분석이다. 대규모 연방 투자액을 제외한다면 가격 인상 폭은 훨씬 더 높아질 것이라는 경고도 함께 전했다. 세계 경제 악화로 인해 금리 상승과 건축 자재 가격 폭등 등으로 건설 프로젝트 비용이 증가한 것이 원인 중 하나다. 가격 인상이 장기화되면 SMR 프로젝트에도 영향을 미칠 수 있다고 경고했다.

《MIT 테크놀로지 리뷰》는 미국 에너지부의 캐서린 허프 박사의 말을 인용해 "SMR의 진정한 잠재력은 두 번째, 세 번째, 다섯 번째, 그리고 100번째 원자로를 건설하는 단계가 돼서야 실현될 것이며, 관련 기업과 규제 당국 모두가 그러한 상태에 더 빨리 도달할 수 있는 방법을 모색하고 있다"고 설

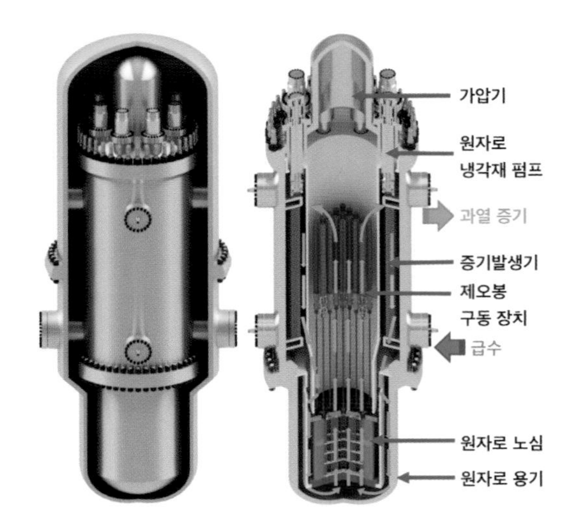

혁신형 소형모듈원자로(i-SMR) 개념도.
ⓒ 원자력안전위원회

명한다. SMR의 이점은 화석 연료 없이도 전기를 공급하는 원자로가 가동되기 전까지 모두 이론에 불과하다는 주장도 포함했다. 실제로 SMR의 경제성은 아직 상업적으로 대량 생산 경험이 없기 때문에 불확실성을 갖고 있다. 전문가 중에는 기존 원전에 비해 SMR의 단위당 비용이 훨씬 더 높을 수 있다고 경고하는 부류도 있다.

우리나라의 경우 미국 웨스팅하우스와 소송 문제도 넘어야 할 큰 산 중 하나다. 우리나라 원전의 대부분을 건설한 웨스팅하우스가 한국전력과 한국수력원자력을 상대로 지적재산권 소송을 제기했기 때문이다. 웨스팅하우스는 2022년 10월 21일 한국형 신형 가압경수로 APR1400의 판매는 미국연방규정집(CFR) 제10장(Title 10) 제810절(Part 810)에 따라 미국 에너지부의 승인 대상이라고 주장했다. 웨스팅하우스가 꺼내든 제810절을 보면 원자로의 개발과 생산, 사용 등과 관련된 기술을 '통제 기술'로 규정하고 있다. 그래서 이를 보유한 미국 기업이나 미국 기업으로부터 라이선스를 받은 기업은 기술 이전에 앞서 미국 에너지부의 승인을 받아야 한다고 명시되어 있다. APR1400 설계가 웨스팅하우스에서 이전받은 기술이기 때문에 미국 에너지부 승인 없이 해외 판매를 해서는 안 된다는 취지다. 웨스팅하우스가 한국형 원전의 원천기술에 대한 문제를 제기했기 때문에 SMART나 i-SMR의 수출에도 제동이 걸리는 것이 아니냐는 분석이 나오고 있다.

여기에 2023년 4월 개최된 한미정상회담에서 '지적재산권 상호 존중', '국제원자력기구(IAEA) 추가의정서 준수' 등이 문서화되면서 이미 웨스팅하우스의 요구가 수용된 것이 아니냐는 우려까지 나오는 상황이다. 다만 윤석렬 대통령 방미 기간 중 현대건설과 홀텍 인터내셔널(SMR), 한수원·SK와 테라파워(소듐고속로 · SFR), 두산에너빌리티와 뉴스케일파워(SMR)가 금융지원, 사업개발·운영, SMR 시공 등에 대해 합의에 성공했기 때문에 웨스팅하우스와의 분쟁도 양국 협력으로 조속히 해결될 것을 기대하는 분위기도 있다.

어찌 됐건 세계가 더 깨끗하고 지속 가능한 에너지원을 원한다면 SMR이 훌륭한 대답이 될 수 있다는 것은 중론이다. 지금도 세계 곳곳에서 다양한 SMR 기술이 개발 · 테스트되고 있다는 것을 가장 뚜렷한 증거로 꼽을 수 있다. 경수로, 고속 중성자 원자로, 고온 가스 냉각 원자로, 심지어 핵융합 원자로 설계까지 SMR과 함께한다는 것도 충분히 경쟁력을 뽐낼 수 있는 부분이다. 규제, 비용 등 여러 우려에도 불구하고 SMR 분야의 기술 혁신은 지속적으로 이루어지고 있다. 그러므로 향후 몇 년 내에 안전, 효율성 및 확장성이 더욱 발전한 기술이 탄생할 것으로 예상된다.

SMR은 글로벌 에너지 전환, 특히 파리 협정과 같이 환경 보호를 위한 국제 협약에 명시된 '저탄소 목표'를 달성하는 데에도 중요한 역할을 담당할 수 있다. 크기가 작고 모듈화되어 있는 특징 덕분에 다양한 지역에 원자력 에너지를 저렴하게 공급할 수 있다는 점도 무시할 수 없다. 특히 고립되어 있는 지역이나 소규모 전력망을 갖춘 개발도상국에 이보다 적합한 에너지원을 찾아보기 힘들다. SMR은 풍력과 태양광 발전이 풍량과 일조량에 좌우되는 간헐성 문제를 보완하기에도 적합한 시스템이다.

물론 실제 상업적으로 사용된 경험이 없어 SMR이 가진 잠재력과 가능성에 대해 섣불리 예측하기는 어렵다. 다양하게 발전하는 에너지 관련 기술, 원자력 사용에 대한 규제 및 경제적 요인에 따라 달라지겠지만, SMR이 높은 잠재력을 갖고 있는 것도 무시할 수는 없다. SMR의 잠재력을 산업으로 극대화하기 위해서는 원자력에 대한 사회의 우려와 잠재적 위험을 효과적으로 해결하면서 강점을 잘 활용해야 할 것이다. 궁극적으로 SMR은 에너지 사용량이 증가하고 환경 보존을 위해 많은 노력을 기울임에 따라 향후 수십 년간 중요 기술 중 하나로 자리매김할 것이다.

11

ISSUE 11 지구과학

튀르키예 지진·러시아 화산폭발

신방실

KBS 기상전문기자. 연세대학교에서 수학과 대기과학을 공부했다. 지은 책으로는 『탄소중립 어떻게 해결할까』, 『세상 모든 것이 과학이야』, 『지진과 안전』 등이 있다. 2021년 '대한민국 과학기자상', 2022년 '한국방송기자대상' 과학 부문을 수상했다.

13:24
ELBİSTAN
7.5
MALATYA
KAHRAMANMARAŞ
DİYARBAKIR
04:17
PAZARCIK
7.8
ADIYAMAN
ADANA
OSMANİYE
GAZİANTEP
ŞANLIURFA
KİLİS
HATAY
(ANTAKYA)

튀르키예 지진·러시아 화산폭발, 왜 일어났나?

2023년 2월 6일 튀르키예 동남부와 시리아 서북부에서 규모 7.8과 규모 7.5의 강진이 잇따라 발생했다.

티그리스강과 유프라테스강이 만나는 비옥한 초승달 지대에서 인류 최초의 메소포타미아 문명이 시작됐다. 지금의 이라크와 튀르키예, 시리아 등이 국경을 맞댄 곳으로 수메르인은 세계 처음으로 문자를 만들었고 도시 국가를 탄생시켰다.

특히 유럽과 아시아를 잇는 관문으로 동·서양 문명의 '교차로' 역할을 한 튀르키예의 땅 밑에선 지각판도 '교차'하고 있었다. 아나톨리아판에 자리 잡은 튀르키예는 북쪽으로 유라시아판과 접하고 남쪽으로는 아프리카판, 아라비아판과 닿아 있어 전 세계적으로 지각 활동이 가장 활발한 곳이다. 과거부터 크고 작은 지진이 잇따랐는데, 2023년이 시작되자마자 역사를 뒤바꿀 만한 지진이 튀르키예를 뒤흔들었다.

2023년 2월 6일 튀르키예 동남부와 시리아 서북부의 국경 지대에서 강력한 지진동이 감지됐다. 미국 지질조사국(USGS)에 따르면 현지 시각 오전 4시 17분 튀르키예 남동부 가지안테프 주변에서 규모 7.8의 첫 번째 강진이 발생했다. 약 9시간 뒤인 오후 1시 24분에는 가지안테프 북쪽의 카흐라만마라슈에서 규모 7.5의 두 번째 지진이 관측됐다. 하루 사이에 규모 7.0이 넘는 강진이 두 차례나 이어지며 21세기 최악의 피해를 몰고 왔다.

▶ 21세기 최악의 대재앙, 사망자 5만 명 넘었다

2023년 2월 6일 규모 7.8과 7.5의 강진, 2월 21일 규모 6.4와 5.8의 여진, 1만여 차례의 여진. 5월 기준 튀르키예 사망자 5만여 명, 부상자 10만 7000여 명, 이재민 200만여 명, 시리아 사망자 7000여 명, 부상자 1만 2000여 명….

대지진이 발생한 지 시간이 꽤 흘렀지만, 고통은 아직도 진행형이다. 건물 잔해를 수습하는 과정에서 사망자 수가 5만 명 이상으로 늘었고 여진의 공포도 계속되고 있다. 튀르키예에서만 20만 채에 가까운 건물이 파손되는 등 직접적인 피해액은 45조 원이 넘을 것으로 보인다. 목숨은 건졌지만

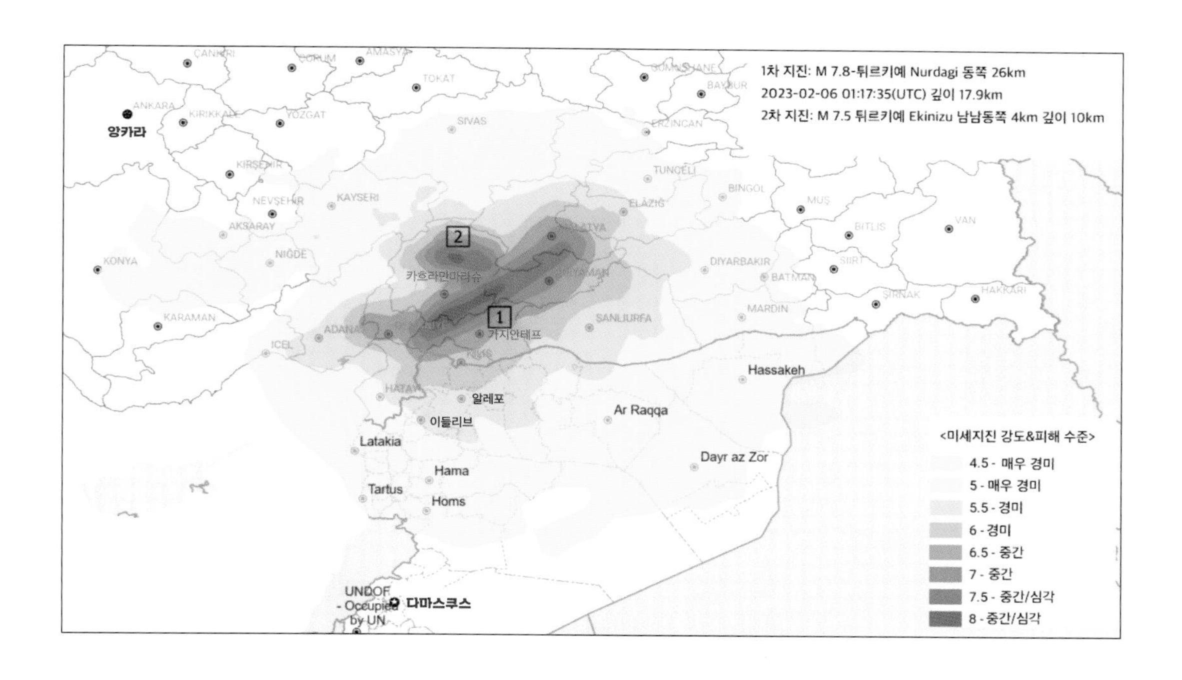

이번 튀르키예 지진의 강도 및 피해 수준을 보여주는 지도.
© USGS, OCHA

집을 잃은 이재민들은 지진 난민이 되어 구호시설을 떠돌고 있다.

튀르키예에 최악의 인명피해를 불러온 이번 지진은 21세기에 발생한 전 세계 자연재해 가운데에서도 5번째로 많은 목숨을 앗아갔다. 31만여 명이 사망한 2010년 아이티 지진(규모 7.0), 22만 명 넘게 사망한 2004년 인도네시아 수마트라 지진·쓰나미(규모 9.1), 8만여 명이 사망한 2008년 중국 쓰촨성 지진(규모 8.0), 8만여 명이 숨진 2005년 파키스탄 지진(규모 7.6)에 이어서 이름을 올렸다.

이번 지진이 발생한 가지안테프는 도시 대부분이 파괴됐다. 모두가 잠든 새벽에 지진이 발생하면서 대피하지 못하고 참변을 당한 사람들이 많았다. 거센 추위와 눈, 여진까지 잇따르며 통신망이 끊겨 구조가 순조롭지 못했고, 도로가 붕괴하고 공항이 폐쇄되면서 구조 인력과 장비의 접근도 수월하지 않았다. 건물에 고립되거나 다친 사람들은 '골든타임'을 놓치고 말았다. 지진 피해가 발생했을 때 인명 구조의 '골든타임'은 사고 발생 후 72시간이다.

피해 지역이 광범위했다는 점도 구조를 어렵게 했다. 튀르키예의 피해 지역은 서쪽 아다나에서 동쪽으로는 디야르바키르까지 약 450km, 북쪽으로는 말라티아에서 남쪽 하타이까지 약 300km에 달했다. 10년 넘게 내전이 지속되고 있는 시리아에서는 부실한 난민촌 건물에서 피해가 특히 심각했다. 정부가 반군 지역으로 향하는 인력이나 물자를 신속하게 통과시켜주지 않아 구조가 늦어질 수밖에 없었다.

진앙지가 오랜 역사를 지닌 유서 깊은 도시인 만큼 문화재 피해도 컸다. 동로마제국 시기 건설된 가지안테프 성이 붕괴하는 것을 비롯해 튀르키예에서 유네스코 세계문화유산으로 지정된 문화재들이 손상을 입었다. 시리아에서도 고대 건축물인 알레포 성채를 포함한 문화유산이 파손됐다.

▶ 4개의 지각판 교차하는 유럽의 '불의 고리'

지구의 표면을 이루는 지각은 두께가 최대 100km에 이르는 커다란 판(유라시아판, 아프리카판, 아라비아판, 인도판, 호주판, 필리핀판, 태평양

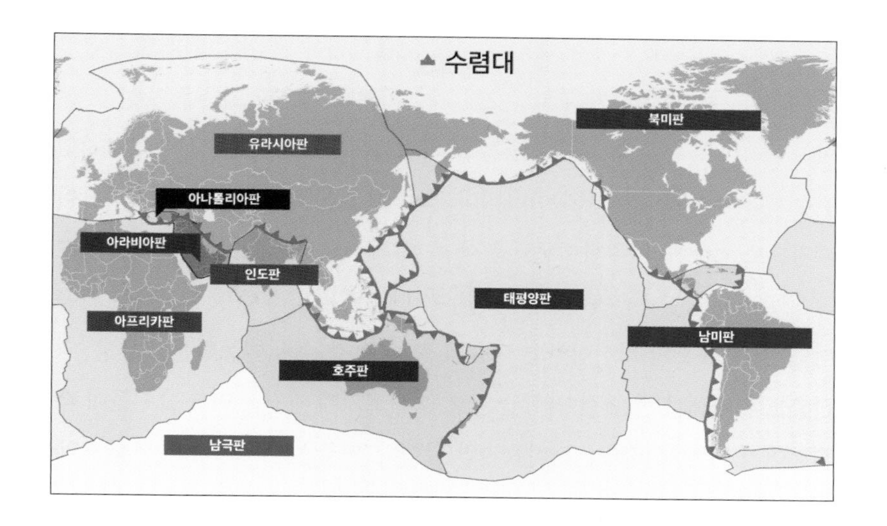

지각판의 분포

지표를 이루는 지각은 유라시아판, 아프리카판, 태평양판 등 다양한 판으로 구성된다. 판과 판의 경계에서 지진이 더 자주 발생한다.

ⓒUSGS, USNPS, statista

판, 북미판, 남미판, 나스카판, 카리브판, 남극판 등)으로 이뤄져 있다. 지각판은 가만히 멈춰 있는 게 아니라 끊임없이 부딪히거나 밀고 포개지며 지진을 일으킨다. 특히 판과 판의 경계에선 지진이 더 자주 일어나는데, 이런 지역을 지진대라고 부른다. 태평양을 둘러싸고 있는 환태평양 지진대에선 전 세계 지진의 80% 이상이 집중돼 '불의 고리'라고 부른다.

지각이 판으로 이뤄져 있다는 판구조론은 1912년 독일의 기상학자인 알프레드 베게너의 '대륙 이동설'에서 시작됐다. 현재 지구의 지각이 2억 년 전에 '판게아'라는 하나의 초대륙에서 갈라져 나왔다는 대륙 이동설을 바탕으로 1960년대 후반 판구조론이 등장했다. 판들은 맨틀 위를 떠다니면서 수천 km를 이동하고 그 과정에서 산맥이 만들어지고 지진이 발생하며 활발한 지질 활동이 일어나게 된다.

튀르키예는 아나톨리아판을 중심으로 북쪽에는 유라시아판, 동쪽은 아라비아판, 남쪽은 아프리카판 등 무려 4개의 지각판과 접하고 있다. 유럽의 '불의 고리'라고 해도 과언이 아니다. 강진이 발생한

단층의 종류

단층은 크게 정단층, 역단층, 주향이동단층으로 나눈다. 정단층은 지각을 갈라놓는 힘에 의해, 역단층은 압축하는 힘에 의해 생긴다. 주향이동단층은 평행하게 작용하는 힘에 의해 만들어진다.

ⓒShutterstock

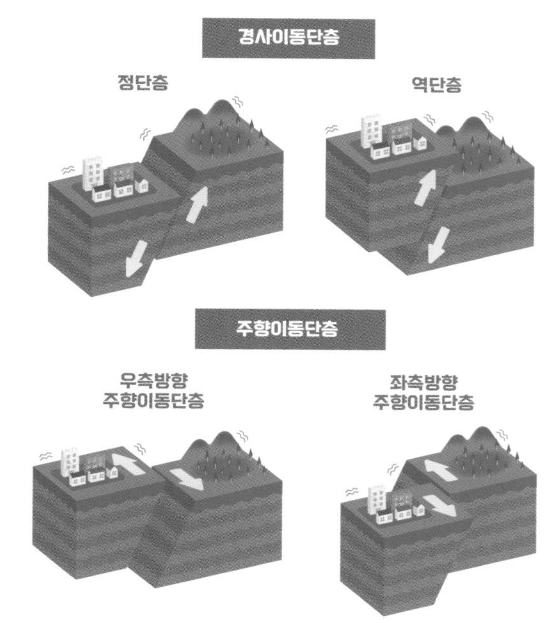

튀르키예 동남부와 시리아 북부에는 동 아나톨리아 단층이 자리 잡고 있었다. 단층은 지진 같은 지질 활동으로 깨어지거나 어긋난 지층을 뜻한다. 동 아나톨리아 단층은 튀르키예 남부를 비스듬히 가로지르는 길이 500km의 단층이다. 아나톨리아판과 아라비아판의 경계면에 위치하며 두 개의 판이 수평으로 이동하는 '주향이동단층'에 속한다.

주향이동단층은 단층의 상·하부가 단층면을 따라 수평 이동하는 단층이다. 같은 규모의 지진이라면 단층의 상·하부가 수직 이동하는 정단층, 역단층보다 피해가 적은 편이다. 물론 이번 튀르키예 지진은 다른 요인들이 더해지면서 최악의 피해를 불러왔지만 말이다. 미국 캘리포니아의 샌 안드레아스 단층이 대표적인 주향이동단층이며, 양산 단층을 비롯한 우리나라의 단층도 대부분 주향이동단층에 속한다.

동 아나톨리아 단층을 사이에 둔 아나톨리아판과 아라비아판은 수백 년 동안 힘겨루기를 해왔다. 북쪽에는 거대한 유라시아판이 장벽처럼 버티고 있는 가운데 동쪽의 아라비아판이 밀고 들어오면서 아나톨리아판은 매년 1cm가량 시계 반대 방향으로 회전하는 모습을 보였다. 이 과정에서 지각에 많은 양의 에너지가 축적됐고 어느 순간 임계점을 넘으면서 이번 지진이 촉발된 것으로 보인다.

아나톨리아 단층대는 환태평양 지진대와 함께 전 세계적으로 지진이 가장 많은 지역에 속한다. 그러나 그동안 강력한 지진은 대부분 북 아나

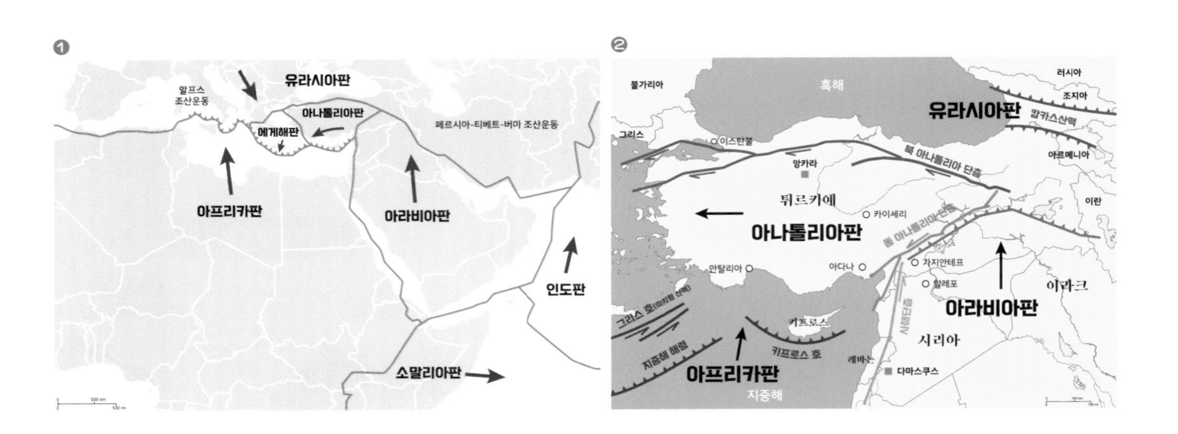

❶
튀르키예는 아나톨리아판, 유라시아판, 아라비아판, 아프리카판 총 4개의 지각판과 접하고 있다.

❷
아나톨리아판과 유라시아판 사이에 북 아나톨리아 단층이 있고, 아나톨리아판과 아라비아판 사이에는 동 아나톨리아 단층이 있다. 아나톨리아 단층대에서는 지진이 많이 발생하는데, 이번 지진은 동 아나톨리아 단층에서 일어났다.

톨리아 단층에 집중돼 왔고 동 아나톨리아 단층에선 드물었다. 201년 전인 1822년 8월 13일로 거슬러 올라가야 동 아나톨리아 단층에서 규모 7.4의 지진 기록을 발견할 수 있을 정도다. 당시 시리아 알레포에서만 7000명이 사망했고 여진이 1년이나 이어질 정도로 강력한 지진이었다. 그런데 지난 200년 넘게 강한 지진이 드물었다는 얘기는 마찰과 압력으로 인한 응력이 오랫동안 해소되지 못하고 지각판에 그대로 쌓여 있었다는 뜻이다. 이번 지진이 파괴적일 수밖에 없었던 이유다.

튀르키예 북쪽 흑해 연안에는 1500km 남짓 길게 이어지는 북 아나톨리아 단층이 존재한다. 아나톨리아 지각판과 유라시아 지각판의 경계에 놓인 단층으로 튀르키예의 수도 이스탄불과 가까운 곳이다. 1939년 12월 27일 북 아나톨리아 단층에 인접한 튀르키예 북동부 에르진잔에서 이번 지진과 같은, 규모 7.8의 지진이 발생했다. 1668년 이래 가장 강력한 지진으로 3만 3000명이 숨지고 10만 명 넘게 다쳤다. 겨울철 기록적인 한파로 구호 작업이 지연되면서 인명피해가 더욱 커졌다. 그러나 1939년 에르진잔 지진의 기록은 2023년 가지안테프 지진으로 84년 만에 깨졌다.

다음으로 큰 지진은 1999년 8월 17일 북 아나톨리아 단층 최북단의 이즈미트를 강타한 규모 7.6의 지진이었다. 이스탄불에서 남동쪽으로 불과 90km 떨어진 도시에 강진이 발생해 1만 7000명 이상 사망하고 5만 명 넘게 부상했다. 추후 분석 결과 1939년 규모 7.8 지진이 발생한 북 아나톨리아 단층선을 따라 연속적으로 진행된 지진으로 밝혀졌다. 전문가들은 향후 대지진이 발생할 가능성이 높은 지역으로 북 아나톨리아 단층대의 이스탄불을 꼽았다. 그러나 예상과 달리 동 아나톨리아 단층대에서 강력한 지진이 발생한 것이다.

▶ 유난히 피해 컸던 이유는?

이번 지진이 규모 면에서 이례적으로 강한 지진은 아니었는데도 유난히 피해가 컸던 이유는 따로 있었다. 지진이 발생한 땅속 진원의 깊이가 지표면과 가까웠기 때문이다. 규모 7.8의 첫 번째 지진과 규모 7.5의 여진은 각각 18km와 10km 깊이에서 발생했다. 강한 지진이 얕은 곳에 일어나면 피해는 커질 수밖에 없다. 지진파가 지표면으로 이동하는 거리가 짧아지면서 파괴력이 커지기 때문이다.

실제로 과거 지진을 살펴보면 2008년 중국 쓰촨성(규모 8.0), 2010년 아이티(규모 7.0), 2011년 동일본(규모 9.1)에선 모두 규모 7.0이 넘는 강진이 발생했다. 수만에서 수십만 명의 사망자를 낳은 역대급 지진이었는데, 모두 지진이 최초 발생한 진원이 얕다는 공통점이 있다. 쓰촨성은 19km, 아이티 13km, 동일본 29km로 이번 튀르키예 지진과 비슷한 깊이였다.

문제는 튀르키예의 경우 과거에도 지진이 발생한 평균 깊이가 20km 정도로 얕았다는 점이다. 환태평양 지진대에 위치한 일본의 경우 튀르키예보다 강진이 훨씬 잦지만, 동일본 대지진을 제외하면 진원의 평균 깊이가 75km 이상이고 필리핀 역시 80km를 넘는 것으로 분석됐다. 튀르키예에서 추가로 파괴적인 지진이 발생한다면 또다시 얕은 곳에서 지진동이 시작될 확률이 높다는 뜻이다. 특히 지진 전문가들은 북 아나톨리아 단층과 가까운 수도 이스탄불에서 강진이 난다면 사회·경제적 피해 측면에서 이번 지진과 비교할 수 없을 것으로 우려하고 있다.

동 아나톨리아 단층이 위치한 튀르키예 남부는 1822년 규모 7.4 지진 이후 큰 지진이 없었다는 점도 방심을 키웠다. 건물의 내진 설계가 제대로 돼 있지 않았기 때문이다. 1939년 북 아나톨리아 단층에서 발생한 규모 7.8의 에르진잔 대지진 이후 튀르키예는 내진 설계법을 만들었다. 또 1999년 규모 7.6의 이즈미트 대지진을 겪은 뒤에는 내진 설계 의무화와 함께 재난 대비 세금인 지진세가 도입됐다.

그런데 왜 이렇게 피해가 컸을까? 이유는 바로 건축 사면제도에 있다. 내진 설계를 필수로 거쳐야 건축물을 지을 수 있도록 법을 만들어놓고는 돈만 내면 법적 책임을 피할 수 있도록 정부가 눈감아준 것이다. 이런 사면 조치는 1960년대 봇물 터지듯 이뤄졌고 부실한 건물이 속출하게 됐다. 당시 도시화가 급속하게 진행되면서 도시가 팽창하기 시작했고 불법 건축물이 우후죽순 늘어났다. 정부는 불법 건축물을 관리한다는 명목으로 돈을 받고 사면해주는 방법을 선택했다.

특히 건축 사면제도에는 정치적인 배경이 강하게 작용했다. 우리나라에서도 선거 시점이 되면 대규모 사면이 이뤄지듯 튀르키예에서도 선거 국면에 맞춰 대규모 건축 사면이 쏟아졌기 때문이다. 튀르키예에선 레제프 타이이프 에르도안 대통령이 20년째 장기 집권 중인데, 대권을 놓지 않기 위해 건축 사면 카드를 꺼내 든 것으로 유명하다. 그 결과 달콤한 권력을 차지할 수 있었겠지만, 최악의 지진 피해를 유발한 책임은 피할 수 없게 됐다.

튀르키예 동남부의 최대 도시이자 튀르키예에서 6번째로 큰 도시로 성장한 가지안테프에서 강한 지진이 발생한 것도 피해를 키웠다. 시리아 난민이 몰려들어 2021년 기준 가지안테프의 인구는 213만 명까지 늘어난 상태였다. 인구가 증가한다는 것은 지진이 발생했을 때 위험에 노출되는 사람이 더 많아진다는 뜻이다. 이 때문에 튀르키예의 수도인 이스탄불은 최대 지진 위험지역으로 꼽히고 있다. 일본의 도쿄나 우리나라의 서울도 인구밀도가 높아서 같은 규모의 지진이라도 더 취약할 수밖에 없다. 사람이 드문 사막이나 고립된 해저에서 강진이 발생하면 큰 위협이 되지 않는다.

▶ 공포에 대한 기억, 생존자들 '트라우마' 경고

예측불허의 자연 재난에 속수무책으로 피해를 본 튀르키예와 시리아는 폐허로 변했다. 안락한 집이 하루아침에 폐허로 변했고 가족의 죽음을 목격하거나 심하게 다친 사람들도 많을 것이다. 이재민들은 텐트촌에서 지내며 각종 감염병과 식수, 영양 부족에 직면한 바 있다. 시리아 북부의 임시 거주시설에선 이미 콜레라가 퍼지며 사망자가 속출하기도 했다.

언제 복구가 끝나고 집으로 돌아갈 수 있을지 막막한 상황에서 외상후스트레스장애(Post Traumatic Stress Disorder, PTSD)가 발현될 가능성도 높다. 재난 전문가들은 최근 자연 재난으로 인한 인명과 재산 피해가 급증하고 있다며 기반 시설과 환경을 복구하는 것은 물론 피해자에 대한 심리적 치료가

●
튀르키예 지진으로 많은 사람이 외상후스트레스장애(PTSD)에 시달릴 가능성이 크다.

절실하다고 말한다.

충격적인 사고나 재난, 전쟁 상황에 접하면 뇌에 있는 편도체가 활성화되며 위험에 대처할 수 있게 한다. 공포에 대한 기억은 뇌에 각인돼 비슷한 상황에서 위험을 피할 수 있게 해준다. 외상을 통해 발달시킨 일종의 적응 능력이라고 볼 수 있다. 위험 요소가 사라지면 다시 일상생활로 돌아와야 하지만 과도하게 불안한 상태가 지속되고 악몽이나 우울증 같은 심리적 고통을 호소하면 PTSD로 진단한다.

재난을 직접 경험한 피해자의 30~40%에서 PTSD가 발병한다는 연구 결과가 있다. PTSD로 고통받는 사람들은 인지 장애와 감정의 부정적 변화, 각성, 수면장애, 대인관계 문제, 기억력 손상 등으로 일상생활의 어려움을 호소한다. 우울증과 불안장애를 동반하는 경우도 많다. 특히 지진과 같은 대형 재난을 겪은 사람들에게 심리적인 안정과 치료가 절실하다.

외신과 인터뷰한, 튀르키예 지진의 20대 생존자는 가족이 숨을 거둔 2월 6일 새벽 4시 17분을 잊지 못한다고 했다. 매일 같은 시간에 잠에서 깨는데, 그 시간이 죽음의 시간 같아서 다시 잠들 수 없다. 또 다른 재난이 닥칠 것 같은 불길한 생각도 든다. 트라우마를 해결하기 위해 전문적인 도움을 받고

'하얀 헬멧'이라 불리는 시리아 시민방위대의 구성원들이 이번 지진의 생존자를 구출하고 있다.
©The White Helmets, twitter

싶지만, 당장은 생계를 잇기에도 벅찬 상황이라 치료는 꿈도 꾸기 힘들다.

튀르키예 지진으로 지금도 수많은 사람이 PTSD에 시달리고 있을 것이다. 유니세프는 특히 아이들의 피해를 우려하고 있다. 약 540만 명의 어린이가 불안과 우울, PTSD를 겪을 위험이 있다고 경고하기도 했다. 튀르키예 정부가 사회복지사를 파견하고 자원봉사자도 적극적으로 나서고 있지만, 상황이 순탄하지는 않다. 여진이 일어날 때마다 아이들이 다시 공포를 느끼고 놀라서 도망치는 일이 반복되기도 했다.

▶ 일상 회복까지 먼 길, 절망을 희망으로

트라우마 극복을 위해 가장 중요한 것은 조속한 복구와 일상의 회복이다. 레제프 타이이프 에르도안 튀르키예 대통령은 1년 안에 복구를 완료하겠다고 선언했고 본격적인 주택 재건 작업을 시작했다. 150억 달러(약 19조 원)를 들여 아파트 20만 개와 주택 7만 개 등을 짓겠다는 게 정부의 계획이다.

그러나 지진으로 인한 잔해가 2억 1000만 톤이 넘는 것으로 추산돼

치우는 데에만 오랜 시간이 걸릴 것으로 보인다. 1999년 이즈미트 대지진의 잔해가 1300만 톤이었으니 이번에는 16배가 넘는다. 복구 비용도 정부의 계산보다 훨씬 많은 250억 달러(약 32조 원)가 필요할 것으로 미국의 투자은행 JP모건은 내다봤다. 지나치게 속도전으로 복구를 진행한다면 부실한 건물을 짓게 돼 또다시 지진 피해가 반복될 수 있다는 경고도 나온다.

시리아의 상황은 더욱 열악하다. 대지진 이후 유엔은 시리아에 국경을 추가 개방하라고 요구했지만, 제한적으로 이뤄졌다. 반군이 장악한 시리아 북부에선 지진 구조와 복구 작업이 대부분 '하얀 헬멧(White Helmets)'으로 불리는 시리아 시민방위대(Syrian Civil Defence, SCD)의 주도로 진행되고 있다. 하얀 헬멧은 시리아 내전에서 민간인을 구하는 단체로 2013년 알레포에서 자원봉사자 20여 명으로 시작했다. 지금은 3000명이 넘는 시민 조직으로 확대됐고 2016년 노벨평화상 후보에 오르기도 했다.

하얀 헬멧이 총력을 다하고 있지만, 국제적인 도움의 손길이 닿지 않는 시리아의 경우 복구 작업이 더딜 수밖에 없다. 국제적십자사는 튀르키예의 복구 작업은 2~3년 안에 끝나겠지만 시리아는 5년에서 10년이 걸릴 것으로 내다봤다. 그때까지 시리아의 생존자들은 질병과 굶주림뿐만 아니라 극심한 공포와 불안, 우울과 싸워야 할지 모른다.

지진의 고통에서 벗어나기 위해서는 사회적인 지지와 소통 역시 중요한 역할을 한다. 일시적인 관심이나 구호 활동에 그치는 것이 아니라 장기적으로 도움의 손길을 내밀 때 피해자들은 생존에 대한 긍정적 의지를 얻을 수 있다. 2023년 초 전 세계를 떠들썩하게 했던 튀르키예 지진 소식이 벌써 언론에서 멀어져가고 있다. 사람들은 복구가 끝났으니까 더 이상 뉴스에 나오지 않는다고 생각할 가능성이 높다. 지구 저편에서 발생한 재난에 지속적인 관심을 지니기란 현대인의 바쁜 일상에 녹록지 않다.

그러나 이번 지진은 워낙 피해 규모가 커서 복구가 완료되기까지 상당한 시간이 걸릴 전망이다. 길고 더딘 그 시간까지 튀르키예와 시리아의 회복을 바라는 마음을 전해보는 것이 어떨까? 어떤 방법이라도 좋다. SNS에 지진 생존자들을 응원하는 게시물을 올릴 수도 있고 NGO를 통해 직접 자원

봉사에 참여하거나 기부를 할 수도 있다. 허물어진 삶의 터전에서 생존자들이 다시 꿋꿋하게 희망의 싹을 틔울 수 있도록 따뜻한 위로와 응원을 실어 보내자.

▶ 한반도, 과거에 매우 강한 지진 194차례

튀르키예 지진은 아라비아판과 아나톨리아판이 충돌하면서 발생했다. 대부분의 강력한 지진은 이처럼 대륙판의 경계에서 강력한 충돌로 발생한다. 우리나라는 판의 경계에서 멀리 떨어져 있어 역사적으로 큰 규모의 지진이 없었다. 지진의 직접적인 피해보다는 주변의 지진동이 대륙판의 내부까지 전달돼 2차 피해를 입었다.

『삼국사기』부터 『조선왕조실록』까지 7000여 권의 역사 자료를 분석한 결과, 한반도에는 서기 1년부터 1900년까지 1852차례의 크고 작은 지진이 발생했다. 피해 규모를 기반으로 진도를 추정해보면 진도 7(VII)이 넘는 매우 강한 지진은 모두 194차례 기록됐다. 이 정도면 2016년 경주 지진, 2017년 포항 지진과 비슷한 위력이다.

진도는 지진동의 세기를 사람의 느낌이나 흔들림으로 수치화한 것으로 로마숫자의 정수로 표시한다. 규모는 진원에서 발생한 절대적인 에너지의 크기로 지역에 따른 차이가 없지만, 진도는 진앙과 거리나 지반의 상태에 따라 달라진다. 특히 16~18세기 한반도에 지진 기록이 자주 등장하는데, 중국 극동지역과 일본 서남부 지진의 영향으로 보인다.

1518년 7월 2일(중종 13년 5월 15일)

*서울 : 유시(酉時, 17~19시)에 세 차례 크게 지진이 있었다. 그 소리가 마치 성난 우렛소리처럼 커서 인마(人馬)가 모두 피하고, 담장과 성첩(城堞, 성 위에 낮게 쌓은 담)이 무너지고 떨어져서,…

*충청도 : 해미 현감 지진 상황을 보고하기를 "···우레와 같은 소리가 동쪽으로부터 일어났는데, 사람이 제대로 서지 못하고 여러 곳의 성첩들이 계속 무너졌으며···" 하였다.

1643년 7월 24일(인조 21년 5월 30일)

*경상도 : 경상도의 대구, 안동, 김해, 영덕 등 고을에서도 지진이 일어나, 연대(煙臺, 봉화를 올릴 수 있도록 만들어 놓은 단)와 성첩이 무너진 곳이 많았다.

1700년 4월 29일(숙종 26년 3월 11일)

*경상도 : 경상도 대구 등의 24개 고을에서 지진이 일어나 진주, 사천 사이의 성첩이 무너지고 길 가는 사람이 넘어졌다.

1727년 6월 20일(영조 3년 5월 2일)

*함경도 : 함흥 등 7개 읍에 지진이 일어나 가옥과 성첩이 많이 무너지고 내려앉았다.

1810년 2월 19일(순조 10년 1월 16일)

*함경도 : 함경 감사 ······ 아뢰기를, "이달 16일 미시(未時, 13~15시)에 명천, 경성, 회령 등지에 지진이 일어나 집이 흔들리고 성첩이 무너졌으며,······ .

근대적인 지진 관측이 시작된 1978년 이후 가장 큰 지진은 2016년 9월 12일 경주에서 발생한 규모 5.8 지진이다. 48명이 다쳤고 시설 피해도 100억 원이 넘었다. 1년 뒤인 2017년 11월 15일에는 포항에서 규모 5.4의 지진이 관측됐다. 역대 2번째로 강한 지진으로 경주 지진보다 규모는 작았지만, 피해는 더 심각했다. 경주 지진이 15km 깊이의 암반층에서 발생한 것과 달리 포항 지진의 진원은 7km로 얕았고 지반도 해안 매립지여서 약했다. 1800명에 가까운 이재민이 발생했고 재산 피해는 500억 원이 넘었다. 이례적으로 수능시험도 연기됐다.

| 국내 지진 발생 순위 |

순위	규모(M)	발생연월일	진원시	진앙		
				위도(°N)	경도(°E)	발생지역
1	5.8	2016. 9. 12.	20:32:54	35.76	129.19	경북 경주시 남남서쪽 8.7km 지역
2	5.4	2017. 11. 15.	14:29:31	36.11	129.37	경북 포항시 북구 북쪽 8km 지역
3	5.3	1980. 1. 18.	08:44:13	40.2	125.0	북한 평안북도 삭주 남남서쪽 20km 지역
4	5.2	2004. 5. 29.	19:14:24	36.8	130.2	경북 울진군 동남동쪽 약 74km 해역
4	5.2	1978. 9. 16.	02:97:05	36.6	127.9	경북 상주시 북서쪽 32km 지역
6	5.1	2016. 9. 12.	19:44:32	35.77	129.19	경북 경주시 남남서쪽 8.2km 지역
6	5.1	2014. 4. 1.	04:48:35	36.95	124.5	충남 태안군 서격렬비도 서북서쪽 100km 해역

*출처: 기상청(2023년 6월 기준)

내륙에서 발생한 3번째로 강한 지진은 1978년 9월 16일 경북 상주시 북서쪽 속리산 부근에서 발생한 규모 5.2 지진이었다. 1978년에는 10월 7일에도 충남 홍성에서 규모 5.0의 지진이 잇따랐다. 두 차례의 강한 지진을 계기로 기상청은 지진 계측기를 현대화하고 국가 지진 정보시스템을 구축하게 됐다. 2023년 기준 전국에 있는 지진관측소는 297곳에 이른다.

▶ 잦아지는 한반도 지진, 경주·포항 지진 '기폭제'

1978년 이후 국내에서 발생한 규모 2.0 이상의 지진 통계를 보면 처음에는 완만하다가 어느 순간 뚜렷하게 증가하는 것을 알 수 있다. 아날로그 관측이 이뤄진 1978~1998년에는 연평균 19.1회의 지진이 발생했지만, 디지털 관측이 시작된 1999년 이후 70.6회로 3.7배 증가했다. 기상청은 지진 관측망 증가와 분석 능력 향상으로 규모 2.0~3.0의 지진을 감지하는 횟수가 증가하면서 나타난 현상이라고 설명했다. 그러니까 지진 자체가 증가했다기보다는 과거에 지나쳤던 작은 지진들을 촘촘한 그물로 건져 올리게 된 결과라고 볼 수 있다.

그러나 2016년을 기점으로 총 지진 횟수는 물론 체감지진과 규모 3.0 이상의 지진 모두 껑충 뛰어올랐다. 바로 그해에 규모 5.8의 경주 지진이 발

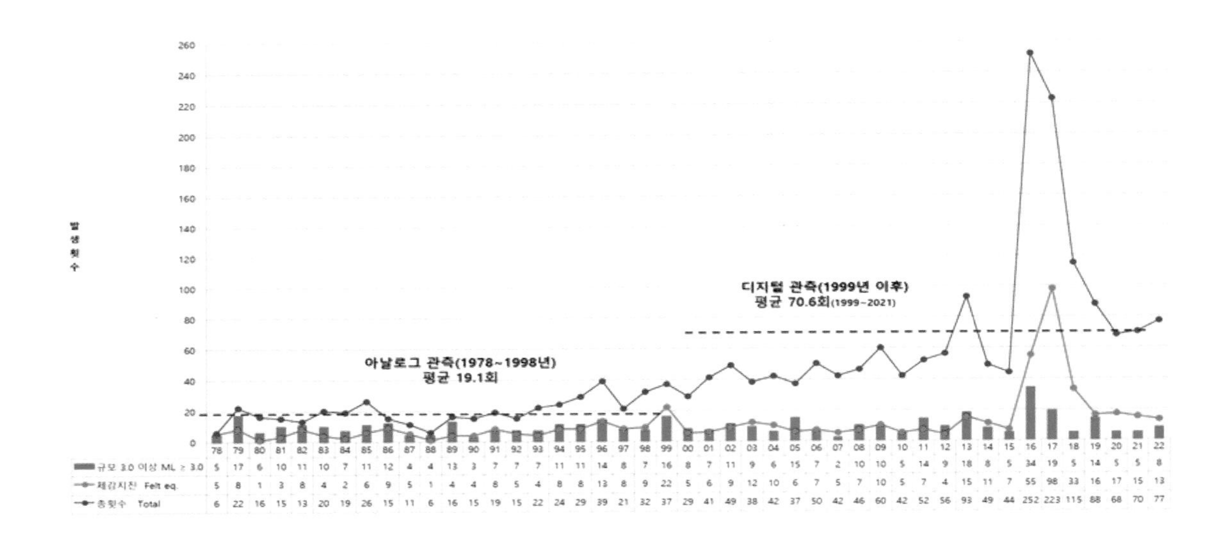

	78	79	80	81	82	83	84	85	86	87	88	89	90	91	92	93	94	95	96	97	98	99
규모 3.0 이상 ML ≥ 3.0	5	17	6	10	11	10	7	11	12	4	4	13	3	7	7	7	11	11	14	8	7	16
체감지진 Felt eq.	5	8	1	3	8	4	2	6	9	5	1	4	4	8	5	4	8	8	13	8	9	22
총횟수 Total	6	22	16	15	13	20	19	26	15	11	6	16	15	19	15	22	24	29	39	21	32	37

	00	01	02	03	04	05	06	07	08	09	10	11	12	13	14	15	16	17	18	19	20	21	22
규모 3.0 이상 ML ≥ 3.0	8	7	11	9	6	15	7	2	10	10	5	14	9	18	8	5	34	19	5	14	5	5	8
체감지진 Felt eq.	5	6	9	12	10	6	7	5	7	10	5	7	4	15	11	7	55	98	33	16	17	15	13
총횟수 Total	29	41	49	38	42	37	50	42	46	60	42	52	56	93	49	44	252	223	115	88	68	70	77

우리나라 지진 감지 횟수. 디지털 관측이 시작된 1999년 이후 대폭 증가했다.
ⓒ 기상청

생했기 때문이다. 2017년에는 포항에서 규모 5.4의 지진이 연이어 일어났다. 경주·포항 지진을 기폭제로 크고 작은 여진이 잦아졌고 국내 지진 횟수가 급증하게 됐다.

2022년 우리나라에 발생한 지진은 모두 77회다. 2021년 70회와 비교해 보면 10% 증가했다. 지진 발생 장소에서 대다수가 지진동을 느낄 수 있는 규모 3.0 이상의 지진은 총 8회로 2021년(5회)보다는 많지만, 연평균(10.5회)보다는 줄었다. 지역별로 규모 2.0 이상의 지진이 가장 자주 발생한 곳은 경북지역으로 7회가 기록됐고, 충북 5회, 충남 4회, 나머지 지역에서는 2회 이하로 관측됐다. 2022년 최대 규모의 지진은 10월 29일 충북 괴산에서 발생한 규모 4.1의 지진이었다. 본진이 발생하기 16초 전에 규모 3.5의 전진이 일어난 이례적 사례로 분석된다.

우리나라에선 튀르키예처럼 규모 7.0 이상의 강진이 발생할 확률은 낮지만, 규모 6.0 안팎의 지진은 언제든지 일어날 수 있다. 큰 규모의 지진이 아니라 작거나 중간 규모의 지진이라도 피해가 발생할 수 있다는 경각심을 가져야 한다고 전문가들은 경고한다. 태평양판과 유라시아판의 경계에서 발생한 지진의 여파가 전달돼 2차 피해도 발생할 수 있는 만큼 우리나라도 내진 설계 등을 통해 대비를 서둘러야 한다.

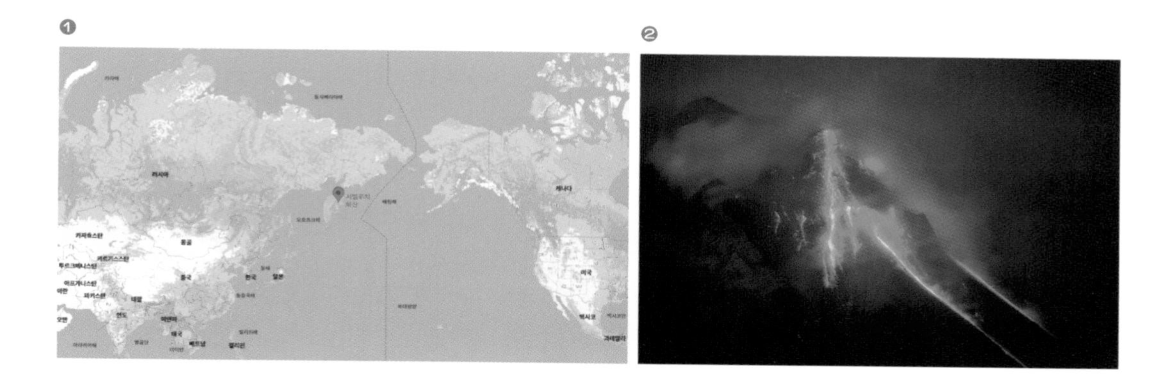

❶ 러시아 캄차카반도에 있는 시벨루치 화산의 위치. ©Google

❷ 시벨루치 화산. 2021년 8월의 분출 장면.

기상청은 지진 피해가 우려되는 인구 밀집 지역, 원자력 시설지역, 주요 단층 지역을 집중 관측 구역으로 정하고 2027년까지 지진관측망 329곳을 추가로 설치할 계획이다. 관측망이 늘어나면 관측소 사이의 거리도 16km에서 7km로 절반가량 줄어들고 지진을 탐지하는 시간도 3.4초에서 1.4초로 대폭 단축될 것으로 보인다. 촌각을 다툴 만큼 위급한 상황에 2초는 굉장히 긴 시간이다. 2초 빠르게 지진경보가 발효되면 대피할 시간을 2초 벌 수 있고 인명피해도 줄일 수 있다.

▶ '불의 고리' 러시아 화산 3개 잇단 분출

튀르키예 지진의 여파가 계속되고 있을 때 러시아의 동쪽 끝에서는 화산이 잇따라 폭발했다. 4월 8일 캄차카반도의 베지미안니 화산을 시작으로 6일에 쿠릴열도의 에베코 화산이 분화했다. 11일에는 캄차카반도에서 가장 크고 활동적인 화산 가운데 하나인 시벨루치 화산이 시뻘건 용암과 짙은 재를 뿜어냈다.

캄차카반도와 쿠릴열도 일대는 '불의 고리'로 불리는 환태평양 화산대(지진대)에 포함된다. 지진대는 화산대라고도 하며 지진과 화산이 자주 발생하는 띠 모양의 지역을 말한다. 대륙판의 경계에 놓인 지진대와 화산대에선 지각이 충돌하며 불안정한 상태가 이어지고 그 응력을 해소하는 과정에서 지진이나 화산이 발생한다. 화산대의 폭은 보통 100~200km인데, 세계

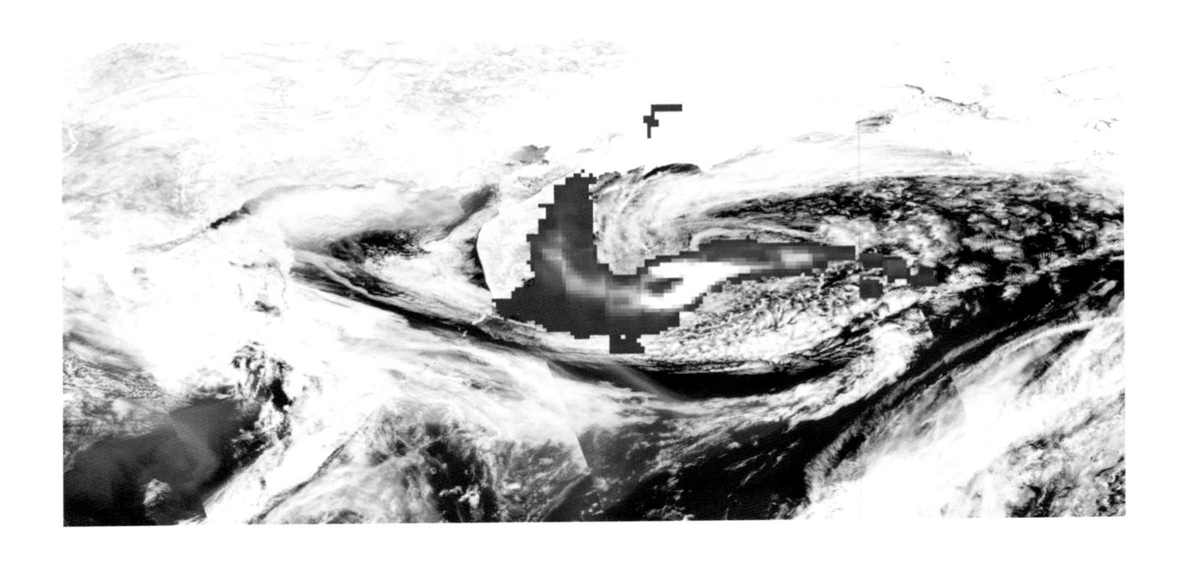

2023년 4월 12일 시벨루치 화산 폭발로 퍼져 나가는 화산재(파란색)를 우주에서 촬영했다.
© NASA

에서 가장 긴 화산대는 태평양을 에워싸고 있는 환태평양 화산대다. 전 세계 활화산의 60%가 이곳에 집중돼 있다.

시벨루치 화산 폭발로 화산재가 최고 20km 높이까지 치솟았고 화산재 구름이 500km 떨어진 곳까지 퍼져 나갔다. 남쪽으로 50km 떨어져 있는 마을에는 화산재가 10cm나 쌓이며 모래폭풍이 휩쓸고 지나간 사막처럼 변해 버렸다. 화산재가 태양을 가려 한낮에도 밤처럼 어두워졌고 설상가상으로 정전 피해까지 발생했다. 용암이 흘러나올 것에 대비해 고속도로는 차단됐고 항공기 운항의 최고 위험 단계인 적색경보가 발령됐다. 이렇게 심각한 화산재 피해는 최근 60년 사이 러시아에서 한 번도 없었다.

우주에서도 시벨루치 화산 폭발로 분출된 화산재가 퍼져 나가는 모습이 관측됐다. 2023년 4월 12일 미국 항공우주국(NASA)과 국립해양대기청(NOAA)이 공개한 위성 사진에는 파란색으로 표시된 이산화황(SO_2)이 확산하는 모습이 담겨 있다.

화산폭발이 끝난 뒤에도 끝은 아니다. 화산에서 나온 짙은 화산재가 햇볕을 반사해 지구를 서늘하게 하는 결과를 불러올 수 있기 때문이다. 러시아 기후학자들은 시벨루치 화산 분출의 영향으로 지구에 0.1℃ 정도의 냉각 효과가 일어날 수 있다고 내다보기도 했다.

화산이 폭발할 때 공기 중으로 엄청난 입자와 가스가 방출된다. 특히 시벨루치 화산 같은 대형 화산의 분출로 발생한 이산화황 가스는 성층권에서 물과 반응해 황산 구름을 만든다. 황산 구름은 태양광선을 차단해 우주로 되돌려보내므로 대기 하층과 지표가 차가워지게 된다.

1815년 4월 인류 역사상 최악으로 불리는 인도네시아 탐보라 화산이 폭발했다. 9만여 명이 사망했고 이산화황이 성층권으로 확산했다. 그 결과 1815년 전 지구 연평균 온도가 5℃ 떨어졌고 6월 북미지역에 50cm의 폭설이 쏟아지는 등 이상기후가 찾아왔다. 1년 뒤인 1816년은 '여름이 없는 해'로 기록됐다. 1991년 6월 14일 폭발한 필리핀의 피나투보 화산에선 2천만 톤의 이산화황이 분출됐다. 이산화황이 성층권을 통해 전 지구를 순환하면서 1~3년 동안 지구 평균 기온을 0.2~0.5℃ 냉각시킨 것으로 분석된다.

러시아의 잇따른 화산폭발은 과거 탐보라 화산이나 피나투보 화산만큼 강력하지는 않았다. 그러나 앞으로 지구의 온도에 영향을 미칠 수 있어서 과학자들이 예의주시하고 있다. 기후 위기로 매년 지구가 뜨거워지고 있는 지금, 화산이 지구 냉각 효과를 불러온다니 반가워해야 할까? 그러나 냉각 효과가 일시적인 데다 용암과 화산재 피해도 어마어마하므로 한마디로 결

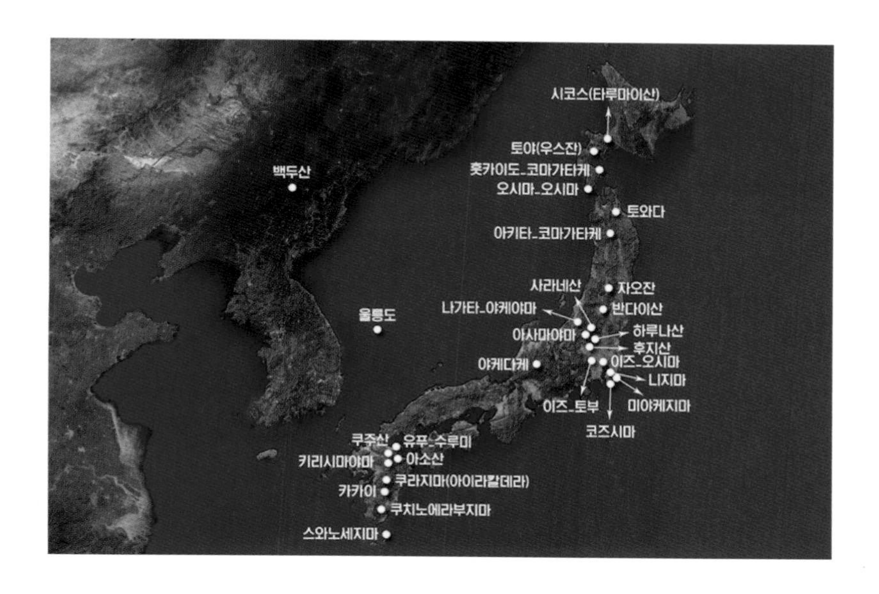

우리나라에 영향을 줄 수 있는 화산. 백두산, 울릉도(화산섬)를 비롯해 일본의 여러 화산까지 총 29개에 달한다.
© 기상청

론내리긴 힘들다.

2010년 4월 아이슬란드의 화산폭발로 유럽의 하늘길이 봉쇄됐다. 화산재가 6~11km 상공까지 치솟으며 지구 전체로 바람을 타고 퍼져 나갔다. 전 세계 항공편의 29%가 결항했고 하루 120만 명의 승객들이 공항에 발이 묶였다. 당시 공항의 피해 상황은 제2차 세계대전 이후 최대 규모로 기록될 정도였다.

우리나라는 천리안 등 위성 자료를 활용하여 한반도와 주변국의 화산 활동을 감시하고 있다. 한반도에 영향을 줄 가능성이 있는 화산은 백두산과 울릉도(화산섬)를 포함해 일본에 있는 화산들까지 전체 29개에 이른다. 백두산은 946년 '화산폭발지수 7'(화산 분출물의 양을 기준으로 1~8로 구분)에 이르는 대규모 분화를 했다. 지난 1000년 동안 세기마다 최소 1번 이상 폭발한 것으로 보여 언젠가는 재분화할 것으로 추정되고 있다.

튀르키예에 찾아온 대지진과 러시아의 잇따른 화산폭발, 지구가 죽은 듯 가만히 멈춰 있는 것이 아니라 역동적으로 움직이고 있다는 증거일지도 모른다. 지진과 화산이라는 재난은 현대 과학기술로도 정확하게 예측하기가 상당히 어렵다. 따라서 지진과 화산 피해를 본 국가를 향한 전 세계의 지원이 필요하다. 인류는 연결된 세계에 살고 있다. 튀르키예의 지진과 러시아의 화산폭발은 전 세계 경제와 곡물 생산, 항공, 기후 등에 영향을 미치며 언젠가는 우리에게 되돌아올 것이다. 지구 반대편의 재난이라 할지라도 지속적인 관심을 가져야 하는 이유다.